ISBN 978-3-662-23285-9   ISBN 978-3-662-25316-8 (eBook)
DOI 10.1007/978-3-662-25316-8

Die in den Sitzungsberichten Abtlg. I und Abtlg. II der math.-nat. Klasse der Österr. Ak. d. Wiss. erscheinenden Abhandlungen werden auch einzeln abgegeben. Sie können durch jede Buchhandlung oder direkt durch die Auslieferungsstelle der Österreichischen Akademie der Wissenschaften (Wien I, Singerstraße 12) bezogen werden.

Nachfolgende Abhandlungen aus den Fächern **Geologie, Mineralogie** und **Geographie** sind erschienen:

1959 (S I Bd. 168):

Flügel Helmut und Maurin Viktor: Ein Vorkommen vulkanischer Tuffe bei Eibiswald (Südweststeiermark). S 4.50

Hanselmayer Josef: Beiträge zur Sedimentpetrographie der Grazer Umgebung XI. Petrographie der Gerölle aus den pannonischen Schottern von Laßnitzhöhe, speziell Grube Griessl (mit 6 Figuren auf 3 Tafeln). S 40.10

Leischner Winfried: Zur Mikrofazies kalkalpiner Gesteine (mit 17 Textabbildungen, davon 1 auf einer Beilage und 6 Tafeln). S 52.40

Mitzopoulos M.: Erster Nachweis von Gosauschichten in Griechenland (mit 3 Textabbildungen und 2 Tafeln). S 16.30

Sander Bruno: Beiträge zur morphologischen Kennzeichnung der Erde. S 89.—

Thurner Andreas: Die Geologie des Gebietes zwischen Neumarkter und Perchauer Sattel (mit 5 Textabbildungen). S 15.50

1960 (S I Bd. 169):

Hanselmayer J.: Beiträge zur Sedimentpetrographie der Grazer Umgebung XIII. Ein „Andesit-Gerölle" aus der Sandgrube in Dornegg bei Nestelbach-Schemerl (mit 2 Abbildungen auf 1 Tafel). S 11.—

Hanselmayer J.: Beiträge zur Sedimentpetrographie der Grazer Umgebung XIV. Petrographie der Gerölle aus den pannonischen Schottern von Laßnitzhöhe, speziell Grube Griessl (mit 4 Textabbildungen und 2 Tafeln). S 20.—

1961 (S I Bd. 170):

Hanselmayer Josef, Beiträge zur Sedimentpetrographie der Grazer Umgebung XV. Petrographie der pannonischen Schotter von Hönigthal (mit 1 Textabbildung und 1 Tafel). S 170—11, S 26.90

Hanselmayer Josef, Beiträge zur Sedimentpetrographie der Grazer Umgebung XVI. Ein massiges, grünlichgraues Porphyroidgerölle aus den pannonischen Schottern von der Platte-Graz (mit 1 Tafel). S 170—30, S 9.—

Vaché Raimund, Prädiluviale Hochgebirgsbrekzien im mittleren Wettersteingebirge (mit 3 Textabbildungen und 1 Beilage). S 170—31, S 15.—

1962 (S I Bd. 171):

Hanselmayer Josef, Beiträge zur Sedimentpetrographie der Grazer Umgebung XVII. Fund eines Lazulith-Quarzfels-Gerölles im Würmglazialschotter von Graz (Don Bosko) (mit 4 Abbildungen auf 1 Tafel) 171—1, S 9.—

Hanselmayer Josef, Beiträge zur Sedimentpetrographie der Grazer Umgebung XVIII. Erster Einblick in die petrographische Zusammensetzung steirischer Würmglazialschotter (speziell Schottergrube Don Bosko, Graz) (mit 4 Abbildungen auf 2 Tafeln) 171—3, S 47.—

Kaumanns M., Zur Stratigraphie und Tektonik der Gosauschichten. II. Die Gosauschichten des Kainachbeckens (mit 8 Abbildungen und 3 Tafeln) 171—17, S 50.—

Kristan-Tollmann Edith und Tollmann Alexander, Die Mürzalpendecke — eine neue hochalpine Großeinheit der östlichen Kalkalpen (mit 1 Abbildung) 171—2, S 37.—

Schoklitsch Karl, Untersuchungen an Schwermineralspektren und Kornverteilungen von quartären und jungtertiären Sedimenten des Oberpullendorfer Beckens (Landseer Bucht) im mittleren Burgenland 171—4, S 124.—

Tollmann Alexander, Die Frankenfelser Deckschollenklippen der Grestener Klippenzone als Typus tektonischer Deckschollenklippen 171—6, S 12.—

Winkler-Hermaden Arthur, Die jüngsttertiäre (sarmatisch-pannonisch-höherpliozäne) Auffüllung des Pullendorfer Beckens (= Landseer Bucht E. Sueß') im mittleren Burgenland und der pliozäne Basaltvulkanismus am Pauliberg und bei Oberpullendorf — Stoob (mit 5 Textabbildungen, 5 Tafeln mit je zwei Lichtbildern in Schwarzdruck und 3 Tafeln in Farbdruck) 171—5, S 84.—

Aus der Geologischen Erkundungsanstalt (Geologický průzkum)
Jihlava

Mg-Skarne des westmährischen Kristallins

Von D. NĚMEC

Mit 10 Textabbildungen und 1 Tafel

(Vorgelegt in der Sitzung am 30. Mai 1963)

1. Einleitung

D. S. KORŽINSKIJ (1955) definierte die Skarne als kontaktmetasomatische, hauptsächlich aus Ca-, Mg- und Fe-Silikaten bestehende Gesteine, entstanden durch Reaktion der Silikat- und Carbonatgesteine bei hohen Temperaturen. Unter diesen Gesteinen sind die Ca-Skarne am häufigsten verbreitet, die durch das reiche Vorkommen des Granats der Grossular-Andradit-Reihe und der Pyroxene der Diopsid-Hedenbergit-Reihe gekennzeichnet sind. Daneben sind auch andere an Kontakten mit dolomitischen Gesteinen sich entwickelnde Reaktionsgesteine bekannt, die aus Mineralien mit hohen Mg-Gehalten (Olivin, Diopsid, magnesiumreiche Amphibolarten, Mineralien aus der Humitgruppe, Spinell, Phlogopit, Biotit u. a.) bestehen. Petrographisch nähern sich zwar solche Gesteine mehr den an Kontakten basischer Metamorphite vorkommenden Gesteinstypen als den Ca-Skarnen, genetisch entsprechen sie aber den Skarnen und werden gewöhnlich als Mg-Skarne bezeichnet. Solche Mg-Skarne im Sinne der oben angeführten Definition[1] wurden aus mehreren Gebieten beschrieben (Zentralasien, Korea, Madagaskar, Schottland, Irland usw.). Im west-

---

[1] Nach der allgemein angenommenen Auffassung zählt man zu den Skarngesteinen nicht nur die Reaktionsgesteine der Carbonatgesteinskontakte, sondern auch Gesteine sedimentären Ursprungs, die durch Metamorphose die petrographische Zusammensetzung der Reaktionsskarne erwarben, wie es z. B. in einigen mittelschwedischen Skarnlagerstätten der Fall ist.

mährischen Kristallin kommen zwar zahlreiche Ca-Skarne vor, die Mg-Skarne wurden aber hier bisher nicht bekannt. Erst durch die während der letzten Jahre durchgeführten Erkundungsarbeiten wurden diese Gesteine in einigen Lokalitäten der Ca-Skarne ange troffen. Da diese Gesteine aus Westmähren noch nicht beschrieben wurden (von einer kleinen Bemerkung bei D. NĚMEC, 1960, abgesehen), setzt sich die vorliegende Studie das Ziel, ihre Gesamtcharakteristik wiederzugeben. Der Zweck des Artikels erforderte, daß neben der Beschreibung typischer Mg-Skarne darin auch die Charakteristik einiger Übergangstypen inbegriffen sein mußte. Es sei mir zugleich erlaubt, Herrn Dr. V. KUDĚLÁSEK (Montanistische Hochschule in Ostrava), der mir freundlicherweise seine zum Teil noch unveröffentlichten Analysen zur Verfügung stellte, meinen herzlichen Dank auszusprechen.

2. Allgemeine Charakteristik westmährischer Ca-Skarne

In Westmähren ist das Vorkommen der Skarngesteine auf das katazonal metamorphosierte Moldanubikum und die mesozonal metamorphosierte Antikline von Swratka beschränkt. Die Gebiete, in denen die Skarne vorkommen, sind im Moldanubikum von verschiedenen Biotitorthogneisen und primorogenen Migmatiten eingenommen, sowie von feinkörnigen Biotitparagneisen, die besonders nordöstlich vom Syenitstock von Třebíč-Meziříčí recht verbreitet sind. Sie unterlagen aber auch hier manchmal einer kräftigen Migmatitisation. Hier und da erscheinen Granulitstöcke, gelängte Streifen verschiedener Para- und Orthoamphibolite und Serpentinitstöcke. Zerstreut kommen auch Streifen und Schollen kristalliner Carbonatgesteine vor.

Abb. 1. Schematische geologische Übersichtskarte des westmährischen Kristallins mit den wichtigsten Skarnlokalitäten. Zeichenerklärung: 1 = moldanubische Orthogneise, verschiedene Migmatite und Granulite, 2 = Orthogneise und verschiedene Migmatite der Antikline von Swratka, 3 = Paraschiefer (Paragneise und Glimmerschiefer), 4 = Cordieritgneise, 5 = die Eruptivgesteine des Moldanubikums, des Eisengebirges und des Kristallins von Polička, 6 = die Eruptivgesteine des Brünnerund Thayabatholithen, 7 = moravische Gesteine, 8 = algonkische und paläozoische Sedimentgesteine des Eisengebirges (zum Teil schwach metamorphosiert), 9 = Sedimente des Perms, der Kreide und des Neogens.
Verzeichnis der Skarnlokalitäten: 1 = Svratouch, 2 = Ruda bei Čachnov, 3 = Samotín, 4 = Krátká, 5, 6 = Líšná, 7 = Fryšava, 8 = Kadov, 9 = Kuklík, 10 = Koníkov, 11 = Míchov, 12 = Zlatkov, 13 = Věchnov, 14 = Býšovec, 15 = Smrček, 16 = Pernštejn, 17 = Sejřek, 18 = Budeč bei Žďár, 19 = Křižanov, 20 = Ruda bei Velké Meziříčí, 21 = Kordula, 22 = Slatina, 23 = Višňové, 24 = Rešice, 25 = Županovice, 26 = Bělčovice.

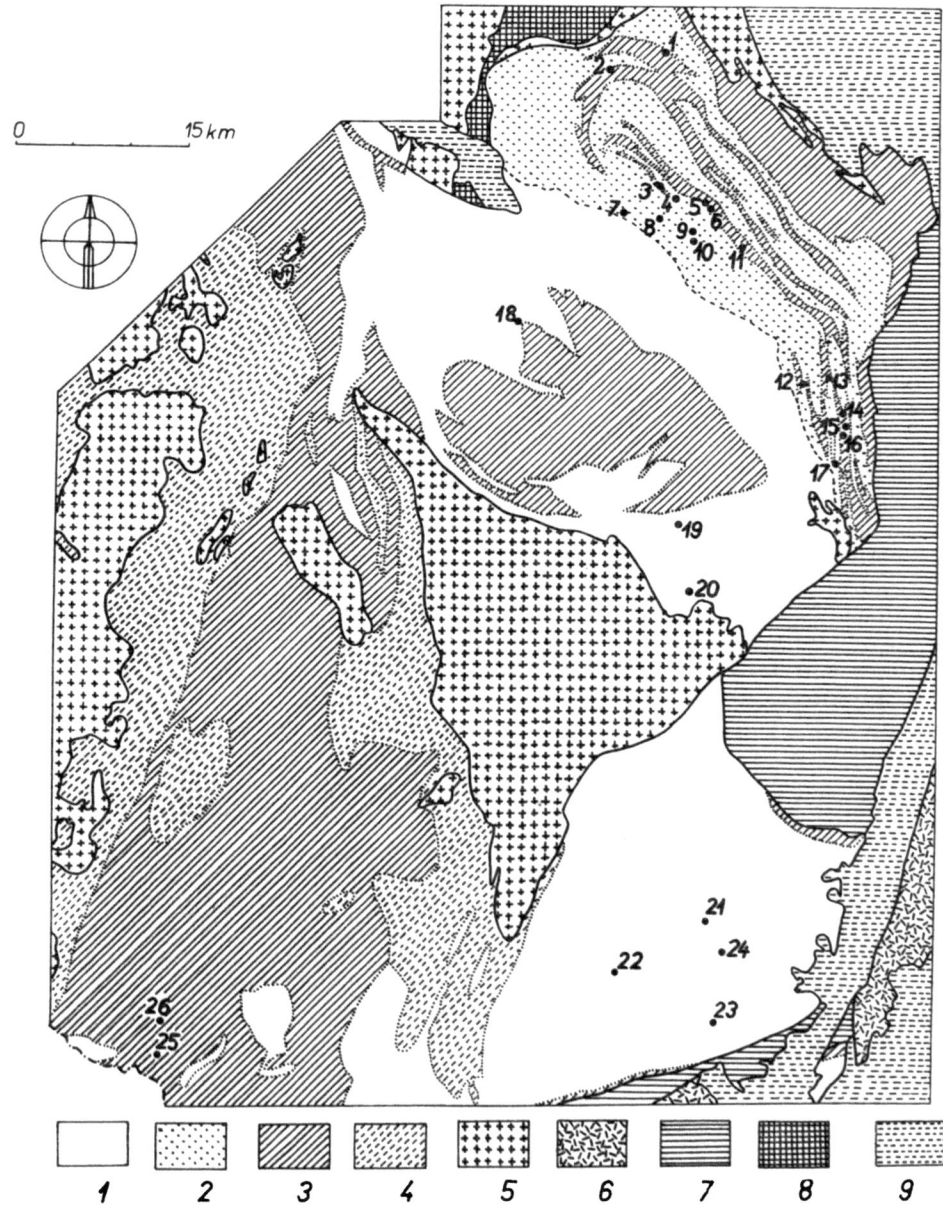

Am geologischen Bau der Antikline von Swratka nehmen einen großen Anteil zweiglimmerige Orthogneise, die mit Streifen zweiglimmeriger Glimmerschiefer oder Glimmerschiefergneise wechseln. Im Zentralteil der Antikline von Swratka erscheinen Körper typischer flaseriger Orthogneise, die parallel zu den geologischen Strukturlinien verlaufen. Auch in der Antikline von Swratka erscheinen Streifen der Amphibolite und Carbonatgesteine, hie und da auch Serpentinitstöcke usw. Die Skarne kommen hier häufiger als im Moldanubikum vor (vgl. die Karte in Abb. 1).

Die im Moldanubikum und in der Antikline von Swratka erscheinenden Körper der Ca-Skarne sind in ihren Grundzügen einander gleich. Sie kommen nur in Paraserien vor, die aber manchmal kräftig migmatitisiert wurden. Gewöhnlich liegen die Skarnkörper in der Nähe der Orthogneisstöcke. Im Gestein ihrer Hülle sind die Skarne immer konkordant eingelagert. Die Länge ihrer Körper schwankt zwischen einigen Zehner- und mehreren Hundertmetern, ihre Mächtigkeit beträgt einige Meter bis mehrere Zehnermeter. Stets läßt sich in ihnen ein aus Pyroxen-, Granat- und Amphibolskarn bestehender Kern unterscheiden. Beträchtlichere Magnetitvererzung ist praktisch nur auf die Pyroxenskarne beschränkt. Der Skarnkern ist von einer Randhornfelszone umhüllt. Die diese Hülle zusammensetzenden Gesteine sind petrographisch recht mannigfaltig, ihr gemeinsames Merkmal ist aber ihr hoher Plagioklasgehalt. Von den farbigen Gemengteilen führen diese Gesteine Pyroxen, Amphibol, Almandin, Biotit. Manchmal wurden diese Gesteine durch Migmatisierung betroffen, die sich besonders dort bemerkbar macht, wo die Skarnkörper lokal in unmittelbarem Kontakt mit Orthogneisen stehen. Die Randhornfelsen bzw. Randhornfelsschiefer vermitteln, natürlich nur generell gefaßt, den Übergang zu den Gesteinen der Skarnhülle.

Genetisch ist das Vorkommen verschiedener Carbonatgesteine wichtig, deren Schollen in einigen Skarnlokalitäten entweder unmittelbar in Skarngesteinen eingelagert sind oder die mit ihnen in Kontakt stehen. Allgemein sind sie aber in den Skarnen nur selten zugegen, und ihre Mächtigkeit übertrifft nur ausnahmsweise 10 m. In einigen Skarnvorkommen wurden sie überhaupt nicht festgestellt[2].

Für die westmährischen Skarne ist das Vorkommen von Pegmatiten recht typisch. Sie sind darin stets und in größeren Mengen anwesend und sind offensichtlich jünger als die Skarne.

---

[2] Von den in Skarnen allgemein und häufig erscheinenden kleinen Schlieren epigenetischen Calcits unterscheiden sie sich durch größere Ausmaße und Führung von häufigeren Silikaten, manchmal auch durch Dolomitführung (vgl. Abb. 9).

Sie wurden durch die Skarnkomponenten in verschiedenem Maße kontaminiert. Zum Teil sind sie magmatischer Herkunft, zum Teil entstanden sie im Zusammenhang mit den Migmatisationsprozessen. Gänge granitoider Gesteine sind dagegen in westmährischen Skarnen nur sehr spärlich.

Die in westmährischen Skarngesteinen wahrnehmbare Tektonik ist sehr verwickelt. Allgemein lassen sich aber zwei Deformationsphasen gut unterscheiden. Die ältere Tektonik, welche sich unter abyssalen Bedingungen vollzog, war regional und daher ganz allgemein. Sie wurde von Rekristallisation begleitet. In Gneisen der Skarnmäntel macht sie sich oft durch leichte plastische Fältelung bemerkbar. In diese Zeitspanne fällt auch die Einfaltung der hie und da beobachteten Skarnbruchstücke (Boudins) in die Hüllgesteine der Skarnkörper. Die jüngere Tektonik ist meist von kataklastischer Art und ist nur an lokale Deformationszonen gebunden. Stellenweise bedingte sie die Entstehung von Myloniten oder Kataklasiten.

Schwierigkeiten bei der Frage nach der Entstehung westmährischer Skarne hängen mit ihrem hohen geologischen Alter und infolgedessen mit ihrer sehr verwickelten Entwicklungsgeschichte zusammen. Demzufolge waren auch die von einzelnen Autoren aufgestellten Erklärungen ihrer Genesis recht verschieden (vgl. L. WALDMANN 1931, V. ZOUBEK 1946, J. KOUTEK 1951, M. NOVOTNÝ 1955, 1960). Einen wertvollen Beitrag lieferten in dieser Hinsicht die in den letzten Jahren in den westmährischen Skarnlokalitäten durchgeführten Erkundungsarbeiten. Auf Grund der neuen Erkenntnisse kann man schließen, die westmährischen Ca-Skarne seien grundsätzlich metasomatische Gebilde, entstanden durch Reaktion der Carbonat- und teilweise auch der Silikatgesteine mit juvenilen postmagmatischen Lösungen. Als Quelle dieser Lösungen können mächtige Granitoidmassen gehalten werden. Nach Entstehung der Skarne, die in die präkambrische Periode hineinfällt, wurden ihre Hüllgesteine samt den Skarnkörpern assyntisch oder vielleicht schon vorassyntisch regional metamorphosiert. Dabei wurden die Granitoidmassen in migmatitische Orthogneise umgewandelt. Dabei rekristallisierten die Skarngesteine wahrscheinlich und einige ihrer Bestandteile wurden vielleicht teilweise umgelagert. Während der Migmatitisation entwickelten sich an Kontakten der reliktischen Carbonatgesteine mit sauren Silikatgesteinen schmale, aus Pyroxenhornfelsen bestehende Reaktionssäume. Ihre Entstehung hat mit dem alten Skarnisationsprozeß nichts zu tun. Die Metamorphose verwischte zugleich manche primäre, aus der Skarnisationsperiode herrührende Merkmale. Während des herzynischen Orogens wurden die Skarne von Gängen granitischer und pegmatitischer Gesteine injiziert. Mit Ausnahme der Entwicklung der die Kontakte dieser Gänge säumenden schmalen Reaktionssäume beeinflußten die Eruptivgesteine die Zusammensetzung der Skarngesteine nicht. Näheres über die hier dargelegten Ansichten ist in anderen Arbeiten des Verf. zu finden (D. NĚMEC 1962, 1963a, b, c, im Druck a, b).

3. Beschreibung der Mg-Skarne in einzelnen Skarnlokalitäten

Višňové

Der Skarnkörper bei Višňové (Lokalität Nr. 23, Abb. 1) befindet sich inmitten des Dorfes und wurde im vorigen Jahrhundert bergmännisch geöffnet. Der Skarnkörper liefert keine Ausbisse. Zu seiner Charakteristik muß man sich nur der 3 Tiefbohrungen bedienen, die aber nur innerhalb des Skarnkörpers verlaufen, so daß der Skarnverband mit den Gesteinen der Skarnhülle unbekannt bleibt. Weite Umgebung der Lokalität nehmen hell gefärbte Gföhler Gneise ein. Der Skarnkörper erstreckt sich in der NNE—SSW-Richtung, also parallel zur Streichrichtung der Gneise. Es kann also vorausgesetzt werden, daß er konkordant in Gneisen seiner Hülle eingelagert ist. Die Länge des Skarnkörpers läßt sich nicht beurteilen, seine Mächtigkeit kann mindestens auf 100 m geschätzt werden. Der Skarnkörper besteht vorwiegend aus einem Pyroxenskarn, der hie und da Granatschlieren enthält. Verglichen mit anderen westmährischen Skarnvorkommen ist hier der Granatgehalt etwas höher, er macht vielleicht höchstens ein Viertel des ganzen Gesteinsvolumens aus. Der Skarnkörper enthält spärliche Einlagerungen der Pyroxen-Amphibolfelsen und wird von Pegmatitgängen durchquert. Carbonatgesteine wurden hier keine festgestellt. Die Mg-Skarne erscheinen im Hangenden des Skarnkörpers als eine Lage, deren Mächtigkeit 10 m wahrscheinlich nicht übertrifft. Es scheint, daß die Mg-Skarne die einzigen durch Magnetit vererzten Gesteine darstellen. Der Charakter des Kontaktes der Ca- und Mg-Skarne ist unklar.

Die Ca-Skarne (Pyroxenskarn, Pyroxen-Amphibol-Skarn, Granatskarn usw.) entsprechen vollkommen denselben Typen aus anderen westmährischen Skarnlokalitäten. Auch die Randhornfelsen sind in üblicher Form entwickelt. Sie weisen granoblastische oder poikiloblastische Strukturen auf und bestehen vorwiegend aus Pyroxen, Amphibol, Biotit und Plagioklas (mit 48—54% An[3]). Die

[3] Alle Angaben betreffend die Anorthitgehalte der Plagioklase wurden mit Hilfe des U-Tisches ermittelt.

Kalifeldspatgehalte schwanken aber beträchtlich. Sehr kennzeichnend für den Skarnkörper bei Višňové ist das Vorkommen des Skapoliths. Er erscheint zwar auch in anderen westmährischen Skarnlokalitäten, im Skarn bei Višňové ist er aber etwas reichlicher vorhanden. Er erscheint hier in Randhornfelsen oder in einigen Granatskarnen, wo er sich wahrscheinlich auf Kosten der Plagioklase entwickelte. Seine Entstehung fällt aber wahrscheinlich nicht in die Skarnisationsetappe, sondern in die Etappe der späteren Metamorphose hinein (vgl. D. NĚMEC 1963 b).

Das megaskopische Aussehen der Mg-Skarne ist durch den stets vorhandenen Magnetitgehalt beeinflußt (Magnetit macht hier bis 50% des Gesamtvolumens aus). Die Gesteine sind daher schwarzgrau bis schwarz. Ihre Struktur ist sideronitisch, da Magnetit in allotriomorphen Körnern den Silikatenintergranularen folgt und auf diese Weise die Silikate einbettet (Taf. I, Abb. 1). Wie es in den Skarngesteinen allgemein der Fall ist, sind die Mg-Skarne petrographisch recht veränderlich. Gewöhnlich überwiegt darin ein mittelkörniger Olivin, der aber jetzt größtenteils serpentinisiert ist. Zu ihm gesellt sich untergeordnet und in veränderlicher Menge ein farbloser oder grünlicher Phlogopit. In einigen Stufen wurde auch eine hell gefärbte, zartgrüne Hornblende angetroffen, die dicke Säulchen bildet. Stellenweise wird sie durch einen grünen Chlorit ersetzt. Akzessorisch kommt noch Apatit und manchmal auch Titanit dazu. Als sekundäres Mineral ist spärlich auftretender Calcit ganz gemein; Prehnit fehlt aber in diesen Gesteinen vollkommen.

Kordula

Die Skarnkörper bei Kordula (Lokalität Nr. 21, Abb. 1) erstrecken sich westlich vom Dorfe. Spuren von dem alten Bergbau sind im Gelände kaum wahrnehmbar. Die Skarne selbst weisen keine Ausbisse auf. Ihre Lage und ihr petrographischer Charakter wurde aber durch die Erkundungsarbeiten der letzten Jahre geklärt. Kurzgefaßte Ergebnisse darüber wurden in einer anderen Nachricht des Verf. (D. NĚMEC 1960) veröffentlicht. Die Skarne bei Kordula treten in mehreren plattenförmigen und parallel verlaufenden Streifen auf, die NW—SE streichen und unter 40—70⁰ nach SW einfallen. Ihre Mächtigkeit schwankt zwischen 20—35 m, ihre Länge beträgt höchstens 300 m. Sie sind in Paragneisen eingelagert, die kräftig migmatisiert wurden. Dadurch entstanden gebänderte Arteritmigmatite. Diese gehen nach außen bis in leukokrate Nebulite über (Gföhler Gneise). Biotitreiche feinkörnige Paragneise, die nicht injiziert wurden, blieben nur selten als verhältnismäßig schmale Einlagerungen entweder im Skarn oder in den angrenzenden Gneisen erhalten. Die Gneise der Skarnhülle enthalten auch vereinzelte schmale Serpentiniteinlagerungen (ihre Mächtigkeit beträgt höchstens 15 m). Einige von ihnen liegen sogar in unmittelbarer Nähe der Skarnlinsen (z. B. nur 10 m davon entfernt).

Die Skarnkörper bestehen fast ausschließlich aus Ca-Skarnvarietäten. Vertreten sind besonders übliche Pyroxen-Amphibol-Skarne, spärlicher sind granatführende Skarnabarten. Verschiedene Skarntypen folgen in bunter Reihenfolge aufeinander. Die Skarnkörper sind von einer aus plagioklasführenden Randhornfelsen (Pyroxen- oder Amphibolfelsen) bestehenden Zone umhüllt. Die Hornfelsen erscheinen auch als Einlagerungen unmittelbar im Skarn. Sie führen einen sauren Andesin (mit 31—36% An).

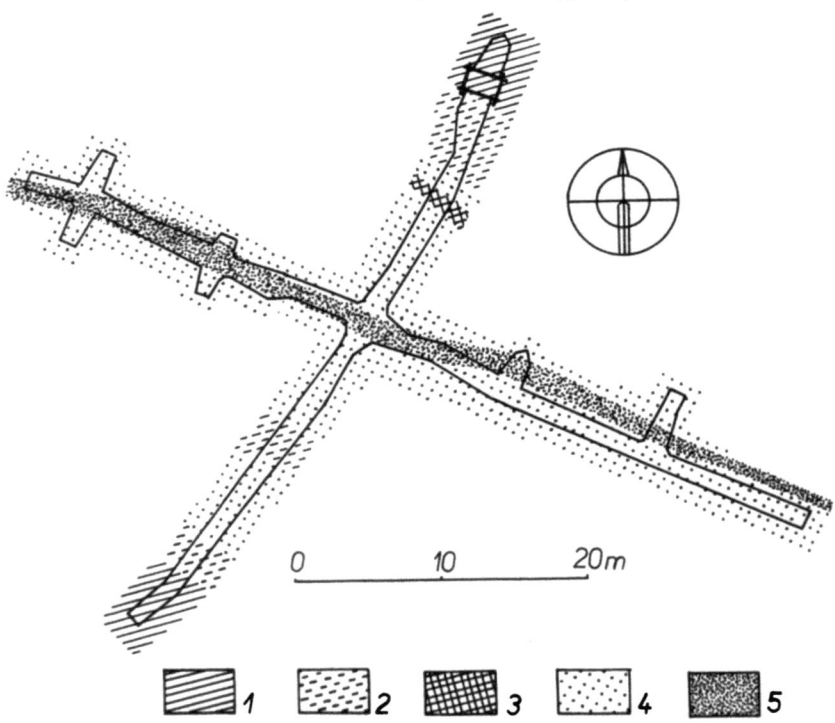

Abb. 2. Geologische Übersichtskarte der Verhältnisse in einem Schurfschacht, Kordula. 1 = kräftig migmatisierte Paragneise, 2 = Randhornfelsen der Skarnkörper, 3 = Dolomitkalkstein, 4 = Ca-Skarne, 5 = Mg-Skarne (zugleich mit Magnetit vererzt).

Spärlich und nur innerhalb des Skarnkörpers wurden kleine Schollen reliktischer Dolomitkalke angetroffen. Ihre Mächtigkeit übertrifft gewöhnlich nicht 10 m. In Skarnkörpern sind sie unregelmäßig zerstreut. Sie enthalten auch einen sattgrünen Spinell.

Die Mg-Skarne erscheinen in den Ca-Skarnen ganz untergeordnet als vereinzelte schmale Lagen. Mengenmäßig erreichen sie kaum ein Prozent des Gesamtvolumens der Skarnkörper. Im Gegensatz zu anderen westmährischen Lokalitäten befinden sie sich auch inmitten der Skarnkörper (vgl. Abb. 2). Außer den typischen Mg-Skarnen, die sich megaskopisch durch helle Farbtöne (grünlich, gräulich usw.) auszeichnen und Diopsid, Phlogopit, Spinell usw. enthalten, findet man auch verschiedene Übergangstypen (biotitführende Skarne usw.). Es ist bemerkenswert, daß die Mg-Skarne oft selektiv und sehr intensiv mit Magnetit vererzt sind. Dabei entstanden Gesteine mit gebänderten Texturen, deren Magnetitbänder manchmal fast aus reinem Magnetit zusammengesetzt sind. Im Gegensatz zu den Skarnen von Višňové, wo nur die Mg-Skarne magnetithaltig sind, sind in den Kordulaer Skarnen stellenweise auch die üblichen Ca-Pyroxen-Skarne mit Magnetit vererzt. Der Kontakt der Mg- und Ca-Skarne wurde näher an dem Material aus dem Schurfschacht untersucht (Abb. 2). Die Mg-Skarne bilden hier eine verhältnismäßig schmale Lage (ihre Mächtigkeit ist 1—2 m), die parallel zu dem Skarnstreifen verläuft. Der Kontakt ist allgemein scharf. Manchmal bilden die Mg-Skarne auch gerundete Nester, deren Kontakt gegen die Ca-Skarne von rötlichen Feldspatinjektionen gesäumt ist[4]. Bei den Detailuntersuchungen stellt man aber auch schmale Übergangszonen fest, die höchstens einige Zentimeter breit sind. In dunkel gefärbten Ca-Skarnen erscheinen z. B. dünne, aus einem zart gefärbten grünlichen Pyroxen (dieser ist für die Mg-Skarne sehr typisch) bestehende Bänder, die parallel zum Kontakt verlaufen. Der Kontakt der Ca-Skarne mit den Mg-Skarnen ist allgemein nicht tektonisch. Es scheint aber, daß die schuppigen, in festen Ca-Skarnen eingelagerten Mg-Skarne Schwächezonen darstellen. An ihren Kontakten fanden infolgedessen tektonische Bewegungen statt, auf die die plastischen Mg-Skarne kräftig reagierten. Daher stellt man z. B. an Kontakten der bereits beschriebenen Lage des Mg-Skarns eine augenfällige Verschuppung sowie zahlreiche Rutschflächen fest.

Die in Kordulaer Skarnen vorkommenden Mg-Skarne sind vielleicht am typischsten von allen westmährischen Mg-Skarnen

---

[4] Solche schlierige Injektionen sind in den Kordulaer Skarnen sehr verbreitet und hängen genetisch mit Pegmatiten zusammen.

entwickelt. Zwar sind sie, wie die Skarne sonst allgemein zu sein pflegen, petrographisch sehr veränderlich, größtenteils überwiegen aber unter ihnen die Pyroxenvarietäten. Sie sind schmutzig grünlich und viel heller als die Ca-Pyroxen-Skarne. Ihre Korngröße schwankt um 1 mm. In Skarnen mit beträchtlicheren Phlogopitgehalten sind grünliche Phlogopitschüppchen schon makroskopisch sichtbar. Texturen der Mg-Skarne sind meistens gebändert: von der Pyroxengrundmasse unterscheiden sich dunklere Magnetit- oder Amphibolbänder. Die Magnetitbänder sind gegen den tauben Skarn verhältnismäßig scharf begrenzt. Reine Pyroxenskarne weisen allseitig körnige Texturen auf. Serpentinisierte Mg-Skarne, besonders wenn sie magnetithaltig sind, ähneln sehr den Serpentiniten.

Die Strukturen der Mg-Skarne sind granoblastisch, bei Anwesenheit größerer Phlogopitgehalte granoblastisch. Bei magnetitreichem Skarn ist die Struktur sideronitisch. Die Mg-Skarne bestehen vorwiegend aus Dioposid und Phlogopit. Als ein regelmäßiger Gemengteil kommt auch eine stumpfgrüne Hornblende dazu, die im Gestein inhomogen zerstreut ist. Ihre Korngröße entspricht jener des Diopsids. Manchmal wird sie siebartig von anderen Gemengteilen (Pyroxen, Magnetit, Spinell) durchwachsen. Die Anwesenheit des Olivins konnte nicht bewiesen werden. Als gemeiner Nebengemengteil erscheint ein sattgrüner Spinell (Taf. I, Abb. 2), der im Gestein unregelmäßig zerstreut ist und Anhäufungen von mehreren Individuen bildet. Zwar sind seine Körner allotriomorph begrenzt, es läßt sich aber bei ihm eine Neigung zu idiomorpher Ausbildung feststellen. Seine Korngröße ist recht variabel, nur selten steigt sie bis zu einigen Zehntelmillimetern hinauf. Charakteristisch sind auch diablastische und myrmekitische Spinell-Amphibol-Verwachsungen, die in einigen Stufen beobachtet wurden. Magnetit bildet im Gestein allotriomorphe, an Silikatenintergranulare gebundene Körner und verdrängt die Silikate. Spinell wird aber dabei ganz unversehrt in Magnetit eingeschlossen. Nur ganz ausnahmsweise wurde im Gestein akzessorischer Zirkon angetroffen. Die Mg-Skarne sind manchmal kräftig serpentinisiert. Oft ist auch ein Zusammenhang der Serpentinisierung mit kleinen Störungen sichtbar. Die Serpentinpseudomorphosen sind von einem Erzpigment (wahrscheinlich freigewordener Magnetit) umsäumt und enthalten noch hie und da reliktische inselförmige Pyroxenreste. Es ist aber nicht klar, ob nicht vielleicht auch einige Pseudomorphosen vom Olivin ihren Ursprung nahmen. Als sekundäres Mineral erscheint spärlicher Calcit. Wo er häufiger auftritt, wird Pyroxen manchmal z. T. durch grünliche aktinolithische Hornblende ersetzt.

Slatina

Der Skarnkörper bei Slatina (Lokalität Nr. 22, Abb. 1) ist etwa 1,5 km nordöstlich von dem genannten Dorfe entfernt. Im Umkreis der alten Gruben gibt es zur Zeit wenige niedrige und wachsende Haldenhaufen. Diese Lokalität wurde kurz von J. KOUTEK (1945) erwähnt. Eingehendere Informationen über diese Lokalität brachten erst die hier durchgeführten Tiefbohrungen und die Vertiefung eines Schurfschachtes. Der Skarnkörper streicht N—S und fällt steil nach W ein. Der Hauptkörper, der 200 m lang und 100 m mächtig ist, liegt im Nordabschnitt des Skarnzuges. Südwärts zweigen von den Ecken der diesem Körper zugehörigen

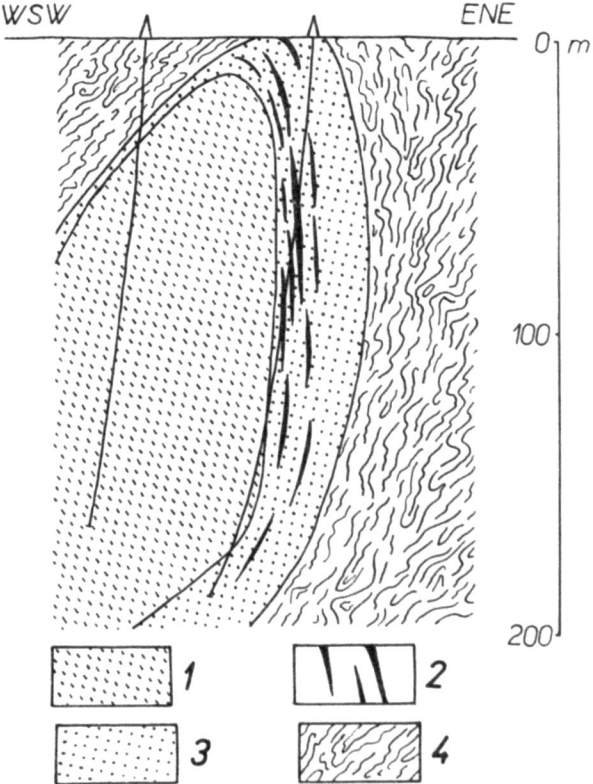

Abb. 3. Querschnitt durch den Nordabschnitt des Skarnkörpers bei Slatina. 1 = Ca-Skarne, 2 = Mg-Skarne, 3 = Randhornfelsen, 4 = migmatisierte Paragneise.

rechteckigen magnetischen Anomalie zwei längliche schmale Ausläufer ab. Sie verlaufen parallel, etwa 250 m voneinander entfernt, in der Länge von ungefähr 500 m. Der Skarn weist in ihnen nur geringe Mächtigkeiten auf (die in einer Bohrung festgestellte Skarnmächtigkeit machte nur 25 m aus).

Die Umgebung des Skarnkörpers nehmen nebulitische Orthogneise (von K. PRECLIK 1931 als massige Gföhler Gneise bezeichnet) und gebänderte Migmatite (Gföhler Gneise vom Typus Keinstock K. PRECLIKS 1931) ein. Erstere sind leukokrat und monoschematisch, letztere sind dagegen polyschematisch: es läßt sich in ihnen biotitreiches Paläosom vom biotitfreien Metasom unterscheiden. Gebänderte Migmatite sind am Kontakt der Paragneise mit Orthogneisen besonders typisch entwickelt. Orthogneise und Migmatite sind reich an Quarz, Plagioklas und Kalifeldspat und enthalten auch spärlichen Granat.

Die Paragneise sind ausschließlich an den Skarnkörper gebunden, sie umhüllen ihn und bilden darin vereinzelte Einlagerungen. Sie sind monoschematisch, feinkörnig, grau gefärbt und mit einer kaum sichtbaren Schieferung. Sie sind biotitreich, mit Plagioklasvormacht (Oligoklas bis Andesin, 24—40% An). Orthoklas ist spärlich, Granat fehlt vollkommen, Quarz gehört aber noch unter die Hauptgemengteile.

Die eigentlichen Skarnassoziationen sind durch die Ca-Skarne, die hauptsächlich auf den Skarnkern beschränkt sind, durch die Randhornfelsschiefer und die Mg-Skarne vertreten. Letztere erscheinen nur in der Randhornfelszone, wo sie schalenförmige Einlagerungen bilden (Abb. 3). Ihre Mächtigkeit übertrifft kaum 10 m. In der Randhornfelszone sind sie unregelmäßig verteilt und stellenweise fehlen sie gänzlich.

Die Ca-Skarne sind hauptsächlich durch die Pyroxen, Pyroxen-Granat- und Granat-Skarne vertreten. Pyroxenskarnvarietäten führen hie und da gemeine Hornblende, Quarz und Plagioklas (rund 47% An). Selten erscheint hier Skapolith als Ersatz für den Plagioklas. Solche Stufen sind oft mit Calcit imprägniert und können schon als Übergangstypen zu den Randhornfelsen gedeutet werden (sie enthalten z. B. Titanit, der normalen Skarnen fremd ist). Zu den granatführenden Skarnvarietäten mag nur bemerkt werden, daß ihr Granat manchmal optisch schwach anisotrop ist[5]. Die Randhornfelsschiefer sind petrographisch sehr mannigfaltig. Einige sind monoschematisch, andere polyschematisch. Den Paragneisen nähern sich am meisten die Pyroxengneise und Pyroxen-Biotithornfels-

---

[5] Sonst sind Granate der westmährischen Skarne stets isotrop.

schiefer. Einen weiteren Typus stellen die Pyroxen- oder Amphibolfelsen (fast ohne Biotit) dar. Schließlich schon fast an der Grenze der Skarne stehen die oben erwähnten Pyroxen-Plagioklas-Skarne. Alle genannten Varietäten zeichnen sich durch Plagioklasführung aus (Oligoklas bis Andesin, 22—36% An); als unregelmäßiger Bestandteil erscheint noch Kalifeldspat und Quarz.

Die Mg-Skarne sind in der Slatiner Lokalität nicht so typisch wie in anderen Skarnlokalitäten entwickelt (es fehlt ihnen sowohl Spinell als auch Olivin). Megaskopisch sind sie gebändert oder schlierig und bestehen vorwiegend aus Diopsid. Solche pyroxenhaltige Gesteine sind hell gefärbt (gräulichgrün, grünlich bis farblos). Die Pyroxenpartien sind von grünlichen oder schwarzgrünen Glimmerbändern oder Schlieren durchsetzt, die manchmal dem Gestein einen blaugrünen Farbton verleihen. Unter dem Mikroskop sind diese Glimmer sattgrün, grünlich bis farblos und gehören entweder dem Phlogopit oder dem Meroxen an. Auch der im Mg-Skarn vorkommende Pyroxen ist hell gefärbt bis farblos. Hie und da bildet er monominerale Partien. Stellenweise wandelt sich Pyroxen teilweise in Amphibol um. Als ein unregelmäßiger Bestandteil erscheint Plagioklas, akzessorisch kommt Apatit vor. Grünlicher Chlorit und Calcit sind sekundäre Mineralien.

Die Ca-Pyroxen-Skarne sind stellenweise mit Magnetit vererzt. Reiche Magnetitvererzung trifft man öfters auch in Mg-Skarnen an. Magnetit erscheint in Form von Imprägnationen, die sich bis zu kompakten Lagen formen. Die vererzten Partien sind unregelmäßig im Skarn verstreut.

Županovice

Der Skarnkörper bei Županovice ist etwa 1 km westlich von dem Dorfe entfernt (Lokalität Nr. 25, Abb. 1). Die Stelle macht sich durch alte verwachsene bzw. überrollte Gruben des Tagbaues bemerkbar. Diese Lokalität wird von A. POLÁK und J. VODIČKA (1951), J. JANEČKA und J. SKÁCEL (1958) und E. KOMÍNEK und D. NĚMEC (1960) kurz erwähnt, um nur die neuesten Arbeiten zu nennen. Ausführlich beschreibt diese Lokalität der Verfasser in einer anderen Arbeit (D. NĚMEC, im Druck a). Die Mg-Skarne wurden aber darin nicht behandelt.

Den Skarnmantel bildeten auch hier ursprünglich Paragneise, die aber allgemein kräftig migmatitisiert wurden. Auf diese Weise entstanden stark gefältete und gebänderte cordieritführende Adermigmatite. Stellenweise gehen diese Gesteine in Quarzitgneise, Glimmerschiefergneise und Kataquarzite über. Der Skarnkörper hat die Form einer stark angeschwollenen und in der N—S-Richtung belängten Linse, die etwa 300 m lang ist und unter steilen Winkeln (40—70°) nach WSW einfällt. Seine Mächtigkeit schwankt zwischen 70 und 250 m. Vertreten sind hier fast ausschließlich die Ca-Skarne, vor allem der übliche Pyroxenskarn, der oft magnetithaltig ist. Granat- und Amphibolvarietäten sind im Županovice-Skarn nicht häufig. Ein eigentümliches Gestein unserer Lokalität ist der Almandin-Biotit-Skarn, der manchmal im Skarnhangenden, regelmäßig aber im Skarnliegenden den Skarnkörper umhüllt. Im Skarnliegenden erscheint er als eine zusammenhängende Lage, deren Mächtigkeit stellenweise auch 10 m übersteigt. Über Granatgneise geht dieser Skarntypus in Biotitgneise der Skarnhülle über. Im Županovicer Skarn trifft man auch vereinzelte Schollen reliktischer Kalksteine an, die aber höchstens 20 m mächtig sind. Sie werden von Pyroxenkalksilikatfelsen begleitet. Im Skarnhangenden stehen die Kalksteine öfters unmittelbar mit Gneisen in Kontakt. Die Kalksteine pflegen ganz rein zu sein, manchmal aber zeigen sie kleine Diopsid-Amphibol-Phlogopit- und Feldspatgehalte. Die Kalksilikatfelsen unterscheiden sich von ihnen durch höhere Silikatgehalte. Die äußere Skarnhülle bilden fleckige oder gebänderte Hornfelsschiefer, die besonders im nördlichen Abschnitt des Skarnkörpers sehr verbreitet sind (hier steigt ihre Mächtigkeit über 20 m). Sie zeichnen sich durch ein rasches Wechseln von schmalen, nur einige Millimeter bis einige Zentimeter breiten Bändern aus. Einige von ihnen entsprechen den Gneisassoziationen, andere wieder den skarnähnlichen Assoziationen (sie enthalten Amphibol, Almandin bzw. Pyroxen). Diese Gesteine wurden nicht kräftiger durchgefaltet, der Gneismetatekt dringt aber auch hinein und verdrängt besonders die Skarnassoziationen. In den Randhornfelsen überwiegen regelmäßig helle Gemengteile. Häufig ist es Plagioklas (größtenteils Andesin); die Quarzgehalte sind recht veränderlich.

Mg-Skarne wurden im Županovicer Skarn nur ganz ausnahmsweise angetroffen und ihre Stellung ist deshalb unklar. Sie wurden am Skarnliegenden, und zwar in der Zone der Randhornfelsschiefer, angebohrt und stehen hier in unmittelbarem Kontakt mit einem Almandin-Biotit-Skarn. Ihre Mächtigkeit beträgt mindestens 5 m. Dieses Gestein wurde wahrscheinlich tektonisch stark beansprucht. Infolgedessen weist es eine Brekzientextur auf (Taf. I, Abb. 3). Das Gestein besteht aus gerundeten Bruchstücken eines megaskopisch bläulich gefärbten dichten Gesteins. Diese Bruchstücke sind mit mittelkörnigem Meroxen verkittet. Dem Volumen nach überwiegt das erstgenannte Gestein. Mikroskopisch zeigt es eine Gitterstruktur; sein Hauptbestandteil war ein hell gefärbter diopsidischer Pyroxen, der aber weitgehend serpentinisiert wurde. Das dabei freigewordene

Eisen schied in Magnetitform aus. Der in Bruchstücken vorhandene bräunliche Meroxen erscheint als Zwickelfüllung unter den Pseudomorphosen. Seine Schüppchen sind hie und da wurmartig mit einem feinkörnigen Erzmineral durchwachsen, das aber unbestimmbar ist.

Auch in den üblichen und typischen Ca-Pyroxen-Skarnen sind einige Merkmale feststellbar, die auf Beziehungen dieser Gesteine zu den Mg-Skarnen hinweisen. Es handelt sich um Olivin, der als ein Nebenbestandteil der Pyroxenskarne öfters beobachtet wurde[6], obwohl er nicht allgemein verbreitet ist. Er erscheint entweder in Form von zerstreuten verzweigten Körnern (Taf. I, Abb. 4), die bis einige Millimeter groß sind, oder in Form von schmalen Äderchen. Letztere grenzen an die Skarne mit ebenen Flächen. Sie sind bis 1,5 cm mächtig. Die Olivinkörner sind hier eiförmig oder allgemein gerundet, ihre Korngröße schwankt zwischen 0,2 und 0,5 mm. In diesen Äderchen ist Olivin mit Amphibol vergesellschaftet.

Bělčovice

Der Skarn bei Bělčovice (Lokalität Nr. 26, Abb. 1) wurde erst im Jahre 1959 mittels aeromagnetischer Messungen festgestellt (S. Hrach, M. Jelen, J. Mašín 1961). Die Verhältnisse dieser Lokalität beschreibt der Verfasser in einer anderen Nachricht (D. Němec, im Druck a). Es handelt sich um einen plattenförmigen Körper, der etwa 120 m lang und 15 bis 20 m breit ist und in Gneisen seiner Hülle konkordant eingelagert ist. Petrographisch entsprechen die hier angetroffenen Skarngesteine jenen aus der nahegelegenen Županovicer Lokalität, mit dem Unterschied, daß hier die Granat-Biotit-Skarne vollkommen fehlen und die Randhornfelsen nur spärlich vertreten sind, so daß der Skarn verhältnismäßig scharf an gebänderte Migmatitgneise seiner Hülle grenzt. Im Bělčovicer Skarn wurden keine typischen Mg-Skarne festgestellt. Ähnlich wie im Županovicer Skarn erscheinen aber auch hier stellenweise im Pyroxen- und Pyroxen-Amphibol-Skarn zerstreute Olivinkörner, deren Ausbildung der der Olivinkörner vom Županovicer Skarn gänzlich entspricht.

Budeč bei Žďár

Der Skarn bei Budeč (Lokalität Nr. 18, Abb. 1) befindet sich in der Nähe des genannten Dorfes. Durch den alten Bergbau wurde sein Nordteil aufgeschlossen. Anläßlich der neuesten Erkundungsarbeiten wurden seine geologischen Verhältnisse von J. Janečka und J. Skácel (1958) kurz besprochen, ausführlicher beschreibt sie der Verfasser in einer anderen Arbeit (D. Němec, im Druck b).

---

[6] Nur ganz ausnahmsweise wurde er auch im Granatskarn angetroffen.

Die Umgebung dieser Lokalität nehmen nebulitische Orthogneise ein. Östlich von Budeč ist darin eine mächtige Scholle eines typischen feinkörnigen Paragneises eingeschlossen. Längs ihrer Kontakte entwickelte sich eine breite Zone cordieritführender Adermigmatite. Der Skarn bildet zwei längliche, dicht übereinanderliegende Linsen, die sich teilweise überdecken. Sie sind konkordant etwa in horizontaler Lage in Paragneise eingelagert. Die obere Linse ist maximal 30 m mächtig und 300 m lang, ihre Länge in der Fallrichtung ist ungefähr 100 m. Die unten liegende Linse weist dieselben Dimensionen auf, nur die Mächtigkeit ist größer (60 m), so daß dieser Skarnkörper beinahe walzenförmig ist. Auch im Budečer Skarn überwiegt der Pyroxen-Amphibol-Skarn, der verhältnismäßig feinkörnig ist (rund 0,15 mm). Untergeordnet erscheint auch der Granat-Pyroxen- und Amphibolskarn. Die Magnetitvererzung ist an den Pyroxenskarn gebunden. Magnetit bildet schmale Äderchen, die bis in massige Erze übergehen. Zwischen den Skarnkern und die Paragneise schaltet sich eine Pyroxenhornfelszone ein, deren Mächtigkeit aber nur selten 15 m übersteigt; stellenweise fehlt sie vollkommen. Diese Hornfelsen bestehen vorwiegend aus Andesin mit 40—47% An und Diopsid, zu denen sich noch Amphibol, Biotit und Orthoklas als unregelmäßige Nebenbestandteile gesellen.

Kleine Einlagerungen reliktischer Dolomitkalksteine (ihre Mächtigkeit beträgt höchstens 2 m) wurden sehr selten und nur in den Gesteinen der Skarnhülle, jedoch in der nähsten Nähe des Skarnkörpers, angetroffen. Sie sind inhomogen und weisen große Gehalte an Silikaten, besonders des oft stark serpentinisierten Olivins auf. Seltener kommt darin noch Phlogopit und ein hell gefärbter Chlorit vor.

Die in der Budečer Lokalität angetroffenen Mg-Skarne könnten anders auch als Pyroxen-Biotitschiefer bezeichnet werden. Sie erscheinen in der Pyroxenhornfelszone, und zwar nur im Skarnhangenden, wo sie schmale, höchstens einige Meter breite Lagen bilden. Gegen die Hornfelsen sind sie manchmal scharf begrenzt. Diese Gesteine sind oft gebändert und von grünlicher oder gräulicher Farbe. Petrographisch sind sie recht veränderlich. Kompakte, biotitarme Pyroxenbänder von veränderlicher Breite (gewöhnlich einige Zentimeter) wechseln mit schmalen plastischen biotitreichen Einlagerungen. Massige Pyroxenlagen sind oft schlingenförmig gebogen und schwellen hie und da zu elliptischen Körperchen an. In den beschriebenen Gesteinen erscheinen manchmal Pegmatitlagergängchen. Das Hauptmerkmal der Pyroxen-Biotitschiefer ist das Fehlen von Feldspaten. Hellgefärbter diopsidischer Pyroxen überwiegt. Sowohl Biotit als auch Amphibol, falls er zugegen ist, sind hell gefärbt. Akzessorisch erscheinen Titanit, Zirkon, Flußspat und Erzkörnchen. Hie und da erscheinen Calcitnester und Nester eines bräunlichen stengeligen Minerals aus der Zoisit-Epidot-Gruppe, das auch an Klüfte gebunden ist. Neben den bereits beschriebenen Gesteinen wurde ausnahmsweise noch ein anderen Mg-Skarntypus festgestellt, nämlich ein Amphibol-Olivin-Skarn. Auch er wurde in der Randhornfelszone, und zwar in der nähsten Nähe des Skarnkerns angetroffen. Makroskopisch ist die betreffende Stufe mittelkörnig und schlierig. Ihre Struktur erinnert an eine nematoblastische Struktur. Als Hauptgemengteil erscheint ein gewöhnlicher grüner Amphibol, untergeordnet kommt noch ein bräunlicher Glimmer und diopsidischer Pyroxen dazu. Letzterer bildet wolkenförmige Aggregate, die poikiloblastisch andere Bestandteile durchwachsen. Im Vergleich zu Glimmer und Amphibol, deren Korngröße um 0,7 mm schwankt, ist er beträchtlich feinkörniger. Als ein Nebengemengteil kommt noch Olivin dazu, der in Form von verzweigten Kristallen unregelmäßig zerstreut ist (Taf. I, Abb. 5). Er ist sowohl gegen Amphibol als auch gegen Glimmer allotriomorph begrenzt. Oft ist er in ein chloritisches Mineral umgewandelt. Nicht häufig erscheint Magnetit in vereinzelten Körnchen, die von noch spärlicheren Körnchen eines sattgrünen Spinells begleitet werden. Diese beiden Mineralien verwachsen oft (Einfluß der Strukturähnlichkeiten?). Akzessorisch sind noch Apatit und Zirkon nebst spärlichem Calcit zugegen.

Křižanov

Der Skarnkörper von Křižanov (Lokalität Nr. 19, Abb. 1) befindet sich zwischen Křižanov und Ořechov. Die Stelle ist im Gelände nur als eine kaum wahrnehmbare verwachsene Grube mit applanierten Haldenhaufen zu erkennen. Nähere literarische Angaben über diese Lokalität fehlen. Die Umgebung dieser Lokalität bilden nebulitische Migmatitgneise. In den Halden wurden nur sporadische Bruchstücke eines Amphibol-, Granat-Amphibol- und Pyroxenskarnes gefunden. Keine typischen Mg-Skarne konnten hier festgestellt werden. Beziehungen zu Mg-Skarnen offenbaren sich nur in einer Stufe eines Pyroxenskarns, wo Olivin als ein Nebengemengteil zugegen ist. Es handelt sich um die Probe eines üblichen amphibolhaltigen Ca-Pyroxen-Skarns, der mit zerstreuten Magnetitkörnchen vererzt ist. Stellenweise verwächst dieser mit Quarz zu feinkörnigen Aggregaten. Ein im Schnitt gelblich gefärbter Olivin erscheint in Aggregaten verzweigter Körner, deren Größe bis zu 1 mm steigt. Es ist bemerkenswert, daß Olivin stellenweise die Quarzkörner unmittelbar berührt. Wahrscheinlich gehört Quarz zu einer jüngeren Zufuhr.

Den Mg-Skarnen ähnliche Assoziationen aus den Ca-Skarnen der Antikline von Swratka

In der Antikline von Swratka kommen zwar die Ca-Skarne häufiger als im Moldanubikum vor, typische Mg-Skarne, die den moldanubischen ähnlich wären, wurden hier aber nicht festgestellt. Beziehungen zu den Mg-Skarnen kann man nur bei einigen Quarzgranattypen bemerken, die selten in einigen Skarnlokalitäten des Südabschnittes der Antikline von Swratka (Smrček, Pernštejn) angetroffen werden. Die Skarne sind hier in injizierten Glimmerschiefern eingelagert und bestehen aus üblichen Pyroxen- und Granatskarnen. Charakteristisch für diese Lokalitäten ist das Vorkommen von Almandin-Biotit-Skarnen. Mit diesen sind andere ganz untergeordnet vorkommende Skarntypen eng verwandt, die wieder aus Quarz und Granat bestehen und akzessorisch Magnetit führen. Dazu kommt noch Spinell als ein Nebengemengteil in zerstreuten grünlichen Körnern. Diese Gesteine enthalten in veränderlicher Menge auch einen stengeligen oder säulenförmigen Amphibol, der stets sehr hellgefärbt ist. In Stufen aus der Lokalität Smrček handelt es sich um eine monokline Hornblende, im Skarn bei Pernštejn ist Anthofyllit zugegen. Eine petrographische Charakteristik hiesiger Skarne veröffentlichten schon K. PRECLIK (1930) und M. NOVOTNÝ (1955).

Gemeinsame Charakteristik westmährischer Mg-Skarne

a) Mineralogisch-petrographische Charakteristik

Mineralogisch zeichnen sich die westmährischen Mg-Skarne durch die Anwesenheit von Pyroxen, Olivin, Glimmer, Spinell und Amphibol, die alle magnesiumreich sind, aus. Granat fehlt hier vollkommen und auch Feldspate sind gewöhnlich abwesend. Am häufigsten sind Pyroxen- und Pyroxen-Glimmer-Skarne vertreten, seltener kommen Olivinskarne vor. Das Vorkommen einiger typischer Mineralien der Mg-Skarne ist ausschließlich auf die Mg-Skarne beschränkt, andere erscheinen sowohl in Mg-Skarnen als auch in Ca-Skarnen, ihre Zusammensetzung ist aber verschieden.

Pyroxene. Sie stellen den verbreitetsten Gemengteil sowohl der Ca-Skarne als auch der Mg-Skarne dar. Immer handelt es sich um Pyroxene der Diopsid-Hedenbergit-Reihe. Die Pyroxene der Ca-Skarne sind in Dünnschliffen grünlich bis farblos, eisenreiche Pyroxene sind schwach pleochroistisch. Sowohl ihre Brechungsindizes (Tabelle 1) als auch ihre chemischen Analysen (M. NOVOTNÝ

1955, 1960) zeigen, daß in Ca-Skarnen eisenreiche Salite und Ferrosalite vorhanden sind. In Mg-Skarnen sind die Pyroxene farblos, ihre Brechungsindizes weisen auf Diopsid oder Salit hin.

Tabelle 1. Brechungsindizes der Pyroxene

Lokalität	Skarntypus	Paragenesis	n_α	n_γ	Bezeichnung	Literatur
Věchnov	Ca - Skarne	Granatskarn	~ 1,712	~ 1,738	Ferrosalit	M. Novotný 1960
Věchnov		Pyroxenskarn	1,713	1,740	Ferrosalit	M. Novotný 1960
Věchnov		Pyroxenskarn	1,731	1,754	Hedenbergit	M. Novotný 1960
Věchnov		Pyroxenskarn	1,724	1,754	Hedenbergit	M. Novotný 1960
Líšná		Pyroxen-Amphibol-Granat-Skarn	~ 1,698	~ 1,727	Salit	M. Novotný 1955
Budeč		Pyroxenskarn	1,692	—	Salit	
Kordula		Pyroxenskarn	≈ 1,692	n < 1,740	Salit	
Višňové		Pyroxenskarn	≈ 1,692	n < 1,740	Salit	
Slatina		Pyroxenskarn	n > 1,700	n < 1,740	Ferrosalit	
Županovice		Pyroxenskarn	—	n ≦ 1,740	Ferrosalit	
Budeč	Mg-Skarne	Pyroxenschiefer	1,671	—	Diopsid	
Budeč		Amphibol-Olivin-Skarn	1,681	—	Salit	
Kordula		spinellhaltiger Pyroxenskarn	1,674	—	Diopsid	
Slatina		magnetithalt. Pyroxenskarn	1,677	—	Diopsid	
Slatina		Pyroxenskarn	1,671	—	Diopsid	

Glimmer. Sie sind typische Bestandteile der Mg-Skarne, der Vergleich mit den Glimmern der Ca-Skarne ist aber schwer durchführbar da Glimmer in gewöhnlichen Ca-Skarnen fehlen. Nur ganz ausnahmsweise erscheinen sie auch in Ca-Pyroxen-Skarnen und zeigen dann Pleochroismus in braunen oder grünen Tönen. Häufig ist Biotit in Almandin-Biotit-Skarnen, die in einigen Lokalitäten den

Tabelle 2. Brechungsindizes der Glimmer

Lokalität	Skarn-typus	Paragenesis	Mittlere Brechungs-indizes in Basis-schnitten	Bezeichnung
Věchnov	Ca-Skarne	Biotit-Granat-Amphibol-Skarn	~ 1,652*)	Lepidomelan
Budeč	Ca-Skarne	Amphibolskarn	≈ 1,625	Meroxen
Županovice	Ca-Skarne	Granat-Biotit-Skarn	1,632	Meroxen
Županovice	Ca-Skarne	Glimmersaum am Kontakt zwischen Skarn und Gneis	n < 1,632	Meroxen
Županovice	Mg-Skarne	Pyroxenskarn	n > 1,598	Meroxen
Kordula	Mg-Skarne	Pyroxenskarn	~ 1,591**)	Phlogopit
Budeč	Mg-Skarne	Pyroxen-Amphibol-Skarn	1,608	Meroxen
Budeč	Mg-Skarne	Amphibol-Olivin-Skarn	1,600	Meroxen
Višňové	Mg-Skarne	Olivin-Phlogopit-Skarn	~ 1,597	Grenze zwischen Meroxen und Phlogopit
Višňov	Mg-Skarne	Olivin-Phlogopit-Skarn	n < 1,591	Phlogopit
Slatina	Mg-Skarne	Pyroxen-Phlogopit-Skarn	n < 1,594	Phlogopit
Županovice		Kalkstein	1,591	Phlogopit

*) Nach M. Novotny 1960.
**) Unbeständige chemische Zusammensetzung — die Brechungsindizes einzelner Glimmerschüppchen derselben Stufe sind variabel.

Randgesteinen der Skarnkörper angehören. Auch hier ist er braun oder grün und aus seinen mittleren Brechungsindizes auf der Basis kann man schließen (Tabelle 2), es handle sich um eisenreiche Glieder (Lepidomelan, Meroxen) der Glimmergruppe.

In Mg-Skarnen sind die Glimmergehalte recht veränderlich, nicht selten werden sie hier zum Hauptbestandteil. Ihre Schüppchen sind bis einige Millimeter groß. Megaskopisch sind sie grünlich, bräunlich oder silberweiß, unter dem Mikroskop sind sie farblos, grünlich oder bräunlich. In einigen Stufen sind ihre Schnitte fleckig. Ihre Doppelbrechung gleicht etwa derjenigen des Muskowits, der Winkel ihrer optischen Achsen ist praktisch Null. Mittlere Brechungsindizes in Basisschnitten (Tabelle 2) entsprechen dem Phlogopit oder Meroxen. Zum Vergleich stehen in Tabelle 2 auch die Brechungsindizes eines Phlogopits aus Županovicer Kalksteinen.

Amphibole. In den verschiedenen Typen der Ca-Skarne sind sie zwar recht verbreitet, gewöhnlich sind sie aber nicht häufig und kommen eher in den Skarnrandpartien vor. Auch in den Mg-Skarnen ist Amphibol meistens nur ein unregelmäßiger Nebengemengteil. In den Ca-Skarnen handelt es sich um gemeine Hornblende. Dies bezeugen seine verhältnismäßig hohen Brechungsindizes (vgl. Tabelle 3) und sein Auslöschungswinkel $c:\gamma$, der rund 20^0 beträgt (die mit dem U-Tisch ermittelten Durchschnittswerte machen für

Tabelle 3. Brechungsindizes der Amphibolite

Lokalität	Skarntypus	Paragenesis	n_α	n_γ	Literatur
Pernštejn	Ca-Skarne	Amphibol-Granat-Skarn	~ 1,669	~ 1,685	M. NOVOTNÝ 1955
Věchnov		Amphibol-Granat-Skarn	~ 1,688	~ 1,702	M. NOVOTNÝ 1960
Budeč		Amphibolskarn	~ 1,645	~ 1,667	—
Županovice		Amphibol-Granat-Skarn	~ 1,677	—	—
Županovice		Pyroxenskarn	1,669	—	—
Kordula	Mg-Skarne	spinellführender Pyroxenskarn	~ 1,650	—	—
Slatina		Grammatitskarn	1,610	1,636	—

den Budečer Skarn 20°, für den Županovicer Granat-Amphibol-Skarn wieder 20° aus). Typisch ist auch ihr kräftiger Pleochroismus in grünlichen Tönen: α ist strohgelb bis gelblichbraun, β hellgrün, sattgrün bis blaugrün, γ grasgrün bis sattgrün. Braune Farbtöne wurden bei Amphibolen aus den Skarnassoziationen nie beobachtet.

Neben der gemeinen Hornblende erscheint in den Ca-Skarnen auch eine jüngere aktinolitische Hornblende, die entweder Äderchen bildet oder gemeine Hornblende ersetzt.

Die Angaben betreffend die Amphibole der Mg-Skarne sind nur sehr spärlich, da sie hier nicht häufig erscheinen. Auch hier gehören sie der gemeinen Hornblende an. Ihr α ist gelblich bis strohgelb, β ist hellgrün, γ hellgrün bis bläulichgrün. $c:\gamma$ der Amphibole aus dem Amphibol-Olivin-Skarn der Budečer Lokalität mißt durchschnittlich 23°, $c:\gamma$ der Amphibole aus dem Pyroxen-Spinell-Skarn aus Kordula 26° ($\alpha = 1,650$). Etwas abweichend ist ein aus dem Kordulaer Mg-Skarn untersuchter Amphibol, der dem Grammatit angehört (unter dem Mikroskop ist er farblos, $c:\gamma$ hat den Durchschnittswert 15°, die Brechungsindizes siehe Tabelle 3).

Olivin. Er wurde nicht näher bestimmt. Im Dünnschliff ist er farblos bis gelblich. Er macht sich besonders durch seine auffallend hohe Doppelbrechung bemerkbar. Seine Spaltbarkeit ist nur wenig entwickelt (seine Auslöschung ist gerade), daneben ist noch eine unregelmäßige Zerklüftung sichtbar. Seine monomineralen Aggregate bestehen aus gerundeten, eiförmigen Körnern; ist er nur untergeordnet im Gestein zugegen, dann bildet er große allotriomorphe und verzweigte Kristalle.

Spinell. Er ist ausschließlich an die Mg-Skarne gebunden. Er ist stets sattgrün gefärbt und läßt sich leicht nach seiner optischen Osotropie erkennen.

Sehr charakteristisch ist die Umwandlung der Mineralien der Ca- und Mg-Skarne. Pyroxene der Ca-Skarne sind uralitisiert, Pyroxene der Mg-Skarne, vielleicht dank ihrer größeren Mg-Gehalte, wurden dagegen serpentinisiert. Dieselbe Umwandlung weist auch Olivin der Mg-Pyroxen-Skarne auf. Für Olivine der Ca-Pyroxen-Skarne ist aber Pilitisierung (infolge ihrer größeren Fe-Gehalte?) recht kennzeichnend.

b) Die chemische Zusammensetzung westmährischer Mg-Skarne, verglichen mit anderen basischen Gesteinen des westmährischen Kristallins.

Zur Feststellung der chemischen Zusammensetzung westmährischer Mg-Skarne wurden ihre Haupttypen analysiert. Zum Vergleich sind auch einige Analysen der Ca-Pyroxen-Skarne beigefügt (Tabelle 4), die den Haupttypus der westmährischen Ca-Skarne vertreten. Proben Nr. 1, 2, 4 gehören fast reinen Ca-Pyroxen-Skarnen an. Sie sind nur mit sehr spärlichen, lappenförmigen Amphibolkörnern durchwachsen; in der Probe Nr. 4 ist außerdem auch etwas Granat zugegen. Stufe Nr. 3 gehört dagegen einem Pyroxen-Amphibol-Skarn an, der noch mit Granat durchwachsen ist. Stufen Nr. 5, 6 sind von einheitlichem Charakter: Es handelt sich um Pyroxen-Phlogopit-Spinell-Skarne, mit grüner Hornblende als Nebengemengteil. Sie unterscheiden sich nur durch ihren Magnetitgehalt (Probe Nr. 5 enthält 9,2 Volumenprozente Magnetit, Probe Nr. 6 ist noch magnetitreicher). Probe Nr. 7 vertritt einen stark serpentinisierten magnetithaltigen Olivin-Phlogopit-Skarn. Trotz beträchtlicher Serpentinisierung ist darin stellenweise noch völlig unverzehrter Olivin erhalten geblieben. Als ein Nebengemengteil erscheint darin noch eine hell gefärbte Hornblende. Der analysierte Mg-Skarn aus der Županovicer Lokalität (Nr. 8) gehört einem schon auf Seite 276 beschriebenen, teilweise serpentinisierten Pyroxen-Meroxen-Skarn an. Die Stufen Nr. 6, 7 enthalten einen sehr beträchtlichen Magnetitanteil. Die beiden angeführten Analysen wurden nur vom unmagnetischen Silikatanteil angefertigt.

Analysen Nr. 1, 4, 5 führte Dipl. Chem. J. JANÁČEK, alle übrigen Ing. HRDLIČKA durch, und zwar in den Laboratorien der Geologischen Erkundungsanstalt in Brno. Dabei wurde folgende Methodik angewandt: SiO_2 und Al_2O_3 wurden direkt als Oxyde gewogen, TiO_2 wurde kolorimetrisch festgestellt, MgO wurde komplexometrisch und CaO volumenometrisch über Oxalat ermittelt. MnO wurde volumenometrisch über das Arsenat bestimmt, Alkalien mit Hilfe des Flammenphotometers und CO_2 durch Adsorption an Natronkalk festgestellt.

Recht verschiedene Typen der Mg-Skarne wurden chemisch untersucht. Infolgedessen ist auch ihre chemische Zusammensetzung nicht einheitlich, was sowohl aus den Analysenzahlen als auch aus ihrer Berechnung[7] (vgl. Tab. 5 und die beigefügten Diagramme, Abb. 5, 6) klar hervorgeht. Offensichtlich verschieden sind die spinellhaltigen Skarne, die sich durch ihre hohen Al_2O_3-Gehalte auszeichnen, und die Pyroxen- und Olivinskarne, die wieder hohe MgO-Gehalte ausweisen (vgl. auch Fo der Basis, Tabelle 5). Dieses Merkmal ist bei dem untersuchten Županovicer Skarn noch durch seine weitgehende Serpentinisierung verstärkt, da das ur-

---

[7] Bei der Berechnung der Analysen wurde die Methodik nach P. NIGGLI (1936) angewandt.

Tabelle 4.

Nr.	Gestein	Lokalität	SiO$_2$	TiO$_2$	Al$_2$O$_3$	Fe$_2$O$_3$	FeO	MnO	MgO	CaO	Na$_2$O
1	Ca-Pyroxen-Skarn	Kordula	51,64	0,17	2,15	2,44	8,94	0,46	11,26	21,01	0,48
2	Ca-Pyroxen-Skarn	Višňové	48,03	0,10	4,39	2,95	8,89	0,15	10,92	21,90	0,46
3	Pyroxen-Amphibol-Skarn	Budeč	43,26	0,55	9,56	3,28	11,89	0,51	8,59	17,54	0,96
4	Ca-Pyroxen-Skarn	Županovice	45,73	0,02	1,26	1,49	20,92	1,89	3,20	21,05	0,20
5	magnetithaltiger Ca-Pyroxen-Skarn	Kordula	42,37	0,57	7,83	7,85	5,53	0,19	15,89	16,73	0,19
6	Silikatenanteil eines Mg-Skarns	Kordula	39,47	0,15	10,73	5,32	3,44	0,39	16,80	15,53	0,21
7	Silikatenanteil eines Mg-Skarns	Višňové	37,95	0,13	4,84	6,47	3,90	0,26	23,21	8,46	0,20
8	Mg-Skarn	Županovice	44,13	0,51	4,29	3,39	4,41	0,18	28,18	2,75	0,15
9	Serpentinit	Utín-Dlouhá Ves	35,42	0,12	2,99	6,19	3,42	0,02	37,58	1,40	0,61
10	Serpentinit	Utín-Dlouhá Ves	36,54	Sp.	2,43	7,51	5,68	Sp.	32,92	2,13	0,16
11	Serpentinit	Utín-Dlouhá Ves	36,62	—	0,68	6,92	1,08	Sp.	37,13	0,84	1,50
12	Serpentinit	Utín-Dlouhá Ves	34,95	—	1,37	8,66	2,10	Sp.	37,13	0,56	1,84
13	Serpentinit	Utín-Dlouhá Ves	38,35	—	0,75	8,28	2,82	0,04	34,06	0,85	0,70
14	Serpentinit	Utín-Dlouhá Ves	37,68	—	1,17	8,44	2,55	Sp.	37,42	0,42	0,21
15	Serpentinit	Utín-Dlouhá Ves	38,34	—	0,05	7,90	2,54	0,02	38,00	0,00	0,56
16	Serpentinit	Dolní Bory	37,23	—	2,04	6,14	2,89	Sp.	37,75	0,71	0,63
17	Serpentinit	Dolní Bory	38,29	—	2,93	7,06	1,90	Sp.	35,29	1,28	0,69
18	Serpentinit	Dolní Bory	38,69	—	0,26	7,13	2,09	Sp.	36,12	1,20	0,69
19	Serpentinit	Dolní Bory	36,74	—	0,75	9,58	3,27	Sp.	35,54	0,70	0,84
20	Serpentinit	Polanka	38,63	—	1,04	8,06	0,60	Sp.	38,43	Sp.	0,51
21	Serpentinit	Biskoupky	38,60	—	1,12	9,31	2,27	Sp.	36,81	Sp.	0,95
22	Serpentinit	Tišnovská Nová Ves	38,62	—	3,92	7,03	3,48	—	34,85	2,72	0,61
23	Serpentinit	Tišnovská Nová Ves	38,38	—	4,66	7,81	3,22	—	34,49	2,00	0,50

Analysen

K_2O	P_2O_5	CO_2	S	H_2O_+	H_2O_-	Summe	andere Bestandteile	Analytiker
0,15	Sp.	0,33	0,02	0,83	0,48	100,36		Dipl. Chem. JANÁČEK
0,22	0,04	0,88	0,05	1,05	0,34	100,37		Ing. HRDLIČKA
0,81	0,29	0,88	0,05	1,39	0,24	99,80		Ing. HRDLIČKA
0,20	0,21	2,35	0,14	1,23	0,04	100,42	Zn 0,49	Dipl. Chem. JANÁČEK
0,84	0,05	0,10	Sp.	1,72	0,26	100,12		Dipl. Chem. JANÁČEK
1,01	0,08	3,25	0,12	2,83	1,17	100,50		Ing. HRDLIČKA
1,98	0,52	3,20	0,51	6,01	1,92	99,56		Ing. HRDLIČKA
2,00	0,37	0,80	0,08	7,51	1,47	100,22		Ing. HRDLIČKA
0,03	Sp.	0,19	—	11,02	—	99,61	Cr_2O_3 0,29; NiO 0,33	V. SEDLÁČKOVÁ
0,08	—	0,17	—	10,52	—	100,59	Cr_2O_3 2,36 NiO 0,10;	V. SEDLÁČKOVÁ
0,39	—	0,42	—	12,34	—	100,35	Cr_2O_3 2,23; NiO 0,20	V. SEDLÁČKOVÁ
0,38	Sp.	0,25	—	12,46	—	100,78	Cr_2O_3 0,85; NiO 0,24	V. SEDLÁČKOVÁ
0,21	—	0,20	—	13,03	—	99,91	Cr_2O_3 0,44; NiO 0,18	V. SEDLÁČKOVÁ
0,37	0,01	0,24	—	10,73	—	99,62	Cr_2O_3 0,22; NiO 0,16	V. SEDLÁČKOVÁ
0,36	—	0,35	—	12,21	—	100,56	NiO 0,23	V. SEDLÁČKOVÁ
0,37	Sp.	0,17	—	11,34	—	99,90	Cr_2O_3 0,45; NiO 0,27	V. SEDLÁČKOVÁ
0,45	Sp.	0,07	—	11,33	—	100,03	Cr_2O_3 0,44; NiO 0,30	V. SEDLÁČKOVÁ
0,85	Sp.	0,25	—	13,29	—	100,85	NiO 0,28	V. SEDLÁČKOVÁ
0,20	Sp.	0,16	—	12,29	—	100,31	NiO 0,24	V. SEDLÁČKOVÁ
0,39	Sp.	0,20	—	12,51	—	100,88	NiO 0,51	M. KOTALOVÁ
0,65	Sp.	0,16	—	10,42	—	100,73	NiO 0,44	M. KOTALOVÁ
0,35	0,01	0,26	0,87	8,05	—	100,77		M. KOTALOVÁ
0,28	0,01	0,51	0,96	8,03	—	100,84		M. KOTALOVÁ

Fortsetzung

Nr.	Gestein	Lokalität	SiO$_2$	TiO$_2$	Al$_2$O$_3$	Fe$_2$O$_3$	FeO	MnO	MgO	CaO	Na$_2$O
24	Serpentinit	Žďárec	35,50	—	2,49	7,25	4,62	Sp.	36,40	0,42	0,25
25	Serpentinit	Žďárec	35,72	—	1,84	7,62	3,85	Sp.	35,39	0,99	1,01
26	Serpentinit	Josefov	37,51	—	0,62	7,25	4,03	Sp.	36,41	Sp.	0,21
27	Serpentinit	Nové Dvory	35,28	—	1,77	11,26	1,60	Sp.	31,65	4,36	1,07
28	granatführ. Serpentinit	Hrotovice	39,68	—	4,17	8,58	2,45	Sp.	29,23	4,22	2,08
29	Bronzit-Diallagit	Dolní Bory	44,14	0,62	6,83	8,56	4,02	Sp.	18,07	16,04	0,90
30	Pyroxenfels	Katov	47,74	Sp.	16,15	2,94	5,94	Sp.	12,07	12,13	1,19
31	Granat-Pyroxenfels	Katov	43,91	Sp.	18,90	4,90	8,95	0,08	8,34	10,83	2,03
32	Eklogit	Nové Dvory	42,14	1,00	15,11	10,52	4,45	Sp.	8,76	13,51	2,66
33	Amphiboleklogit	Utín-Dlouhá Ves	41,11	1,50	14,32	4,40	7,40	Sp.	14,01	13,87	1,87
34	Amphiboleklogit	Utín-Dlouhá Ves	43,32	0,25	13,43	6,57	9,47	0,07	11,66	13,52	1,02
35	Amphibol-Pyroxenfels	Utín-Dlouhá Ves	40,27	0,50	15,36	11,59	6,52	Sp.	10,72	13,59	1,31
36	Amphibolit	Utín-Dlouhá Ves	45,55	0,60	7,21	4,75	9,59	0,08	19,05	11,52	1,52
37	Amphibolit	Utín-Dlouhá Ves	40,30	1,37	10,05	9,87	9,70	0,11	14,96	11,21	1,75
38	Amphibolit	Utín-Dlouhá Ves	44,79	0,62	13,95	1,28	9,48	0,01	17,06	10,77	0,14
39	Amphibolit	Utín-Dlouhá Ves	40,58	0,70	12,41	3,75	11,59	0,10	12,86	12,94	2,42
40	Amphibolit	Utín-Dlouhá Ves	43,82	0,50	7,35	7,85	6,63	0,12	19,09	12,34	1,70
41	Pyroxen-Amphibolit	Utín-Dlouhá Ves	42,66	1,18	12,48	9,86	5,96	Sp.	11,84	11,91	1,51
42	Pyroxen-Amphibolit	Utín-Dlouhá Ves	42,68	0,10	15,53	4,69	5,75	Sp.	14,49	14,01	2,06
43	Pyroxen-Amphibolit	Utín-DlouháVes	44,20	0,02	17,95	3,83	3,31	0,01	12,17	14,72	1,49
44	Pyroxen-Granat-Amphibolit	Utín-Dlouhá Ves	45,33	Sp.	10,60	1,59	11,33	0,08	17,17	12,71	0,43
45	Amphibolit	Dolní Bory	46,44	0,50	16,76	2,65	7,10	Sp.	9,74	12,38	1,81
46	Amphibolit	Dolní Bory	47,12	Sp.	15,97	4,75	5,25	Sp.	11,52	11,73	0,60
47	Amphibolit	Odunec	42,71	Sp.	17,19	5,01	6,19	Sp.	11,16	10,75	3,25

von Tabelle 4

K_2O	P_2O_5	CO_2	S	H_2O_+	H_2O_-	Summe	andere Bestandteile	Analytiker
0,05	0,04	0,30	—	12,01	—	99,45	NiO 0,12	M. Kotalová
0,25	0,03	0,34	—	12,56	—	100,22	Cr_2O_3 0,45; NiO 0,17	M. Kotalová
0,53	—	0,25	—	12,56	—	100,03	Cr_2O_3 0,44; NiO 0,22	M. Kotalová
0,47	Sp.	1,34	—	11,81	—	100,87	NiO 0,26	Dr. V. Kudělásek
0,49	Sp.	0,25	—	8,50	—	100,24	Cr_2O_3 0,47; NiO 0,12	Dr. V. Kudělásek
0,41	Sp.	0,03	—	0,35	—	100,25	Cr_2O_3 0,23; NiO 0,05	V. Sedláčková
1,71	Sp.	0,35	—	1,61	—	99,61		M. Kotalová
0,89	Sp.	—	—	1,41	—	100,14		M. Kotalová
0,52	Sp.	—	—	0,52	—	99,27	NiO 0,08	Dr. V. Kudělásek
0,36	—	—	—	1,50	—	100,34		V. Sedlačková
0,39	—	—	0,08	0,27	—	100,05		V. Sedlačková
0,43	Sp.	—	—	0,13	—	100,42		V. Sedláčková
0,22	0,01	0,10	—	0,49	—	100,69		V. Sedláčková
0,45	—	—	—	0,74	—	100,51		V. Sedláčková
0,93	0,02	—	—	0,34	—	100,20	NiO 0,02	V. Sedláčková
0,26	0,20	0,09	—	1,96	—	99,86		V. Sedláčková
0,37	—	0,01	—	0,80	—	100,62		V. Sedláčková
0,37	Sp.	—	—	1,67	—	99,44		V. Sedláčková
0,35	Sp.	—	—	0,99	—	100,73	NiO 0,08	V. Sedláčková
1,47	0,01	0,34	0,10	0,54	—	100,16		V. Sedláčková
0,59	—	—	—	0,45	—	100,33	Cr_2O_3 0,01; NiO 0,04	V. Sedláčková
0,88	Sp.	0,25	—	1,85	—	100,38	NiO 0,02	V. Sedláčková
0,45	Sp.	—	—	2,03	—	99,43	NiO 0,01	V. Sedláčková
1,34	Sp.	—	—	2,08	—	100,17	Cr_2O_5 0,45; NiO 0,04	Dr. V. Kudělásek

Tabelle 5. Basismoleküle

Nr.	Kp	Ne	Cal	Ns	Cs	Fo	Fa	Fs	Ru	Q	Andere Basismoleküle
1	0,5	2,5	2,1		31,3	24,3	11,3	2,6	0,1	25,3	
2	0,8	2,6	5,7		30,9	23,6	10,9	3,2		22,3	
3	3,0	5,5	12,2		21,5	18,9	14,5	3,6	0,4	19,8	Tf 0,6
4	0,7	1,1	1,4		38,3	7,3	26,6	1,7	—	13,9	Cc 6,5, Tf 2,5
5	3,1	1,0	11,1		19,9	33,7	6,8	8,3	0,4	15,7	
6	3,7	1,2	15,9		16,3	36,8	4,2	5,8		15,6	Tf 0,5
7	7,6	1,0	4,3		10,4	52,6	5,2	7,3		10,5	Cp 1,2
8	7,4	0,9	3,1		2,7	60,9	5,6	3,6	0,3	15,5	
9	0,2	3,4	3,5		0,4	79,5	4,4	6,6		2,0	
10	0,3	0,9	3,6		1,5	71,1	5,7	8,2		6,1	Cm 2,6
11	1,4	1,0		3,6	1,3	79,0	0,3	7,4		3,5	Cm 2,5
12	1,4	3,4		3,4	0,8	78,4	2,2	9,3		0,1	Cm 1,0
13	0,7	3,0		0,5	1,3	74,9	3,7	9,2		6,7	
14	1,4	1,0	1,0		0,2	79,6	3,2	9,2		4,4	
15	0,2			1,6		81,1	3,3	8,4		4,9	Ks 0,5
16	1,4	3,4	1,5		0,3	79,9	3,7	6,5		3,3	
17	1,7	3,8	2,6		0,8	75,4	2,6	7,5		5,6	
18	0,9			1,9	1,8	78,1	2,8	7,7		5,7	Ks 1,1
19	0,7	1,9		1,4	1,1	77,3	4,2	10,3		3,1	
20	1,4	2,0		0,3		81,7	0,7	8,6		4,7	
21	2,4	1,3		1,8		77,4	2,7	9,8		4,1	
22	1,3	3,3	4,0		2,0	71,5	2,5	7,2		6,0	Py 2,2
23	1,0	2,6	5,7		0,1	70,9	2,5	8,1		6,7	Py 2,4
24	0,2	1,4	1,4			78,1	5,7	7,9		3,2	Sp 2,1

Tabelle 5 — Fortsetzung

Nr.	Kp	Ne	Cal	Ns	Cs	Fo	Fa	Fs	Ru	Q
25	0,9	5,7	0,4		1,4	76,8	4,8	8,2		1,8
26	2,1	1,0		0,1		79,3	5,1	7,9		4,5
27	1,8	4,4		0,9	6,8	69,6	2,3	12,4		1,8
28	1,7	11,3	0,9		5,9	61,8	3,1	9,0		6,3
29	1,5	4,8	7,9		19,9	37,2	4,7	8,8	0,4	14,8
30	4,4	6,4	21,3		7,6	25,4	7,0	3,1		24,8
31	3,2	11,0	23,6		4,6	17,8	10,5	5,3		24,0
32	2,1	16,3		0,1	23,1	21,1	6,0	12,6	0,8	17,9
33	1,2	10,1	17,6		11,7	28,9	8,6	4,6	1,1	16,2
34	1,5	6,1	8,2		17,9	26,4	12,1	7,7		20,1
35	1,5	6,7	20,0		17,5	21,3	7,2	11,7	0,3	13,8
36	0,7	8,0	7,3		13,1	38,71	11,0	4,8	0,4	16,0
37	1,5	9,5	11,1		11,3	31,3	11,4	10,4	0,9	12,6
38	3,3	0,8	20,6		5,6	34,9	10,9	1,5	0,4	22,0
39	0,9	13,2	13,6		12,7	27,0	13,7	4,0	0,5	14,4
40	1,1	8,9	6,9		14,7	38,9	7,6	8,1	0,3	13,5
41	1,4	8,4	16,2		10,2	25,5	7,1	10,6	0,9	19,7
42	1,1	10,8	18,9		10,9	29,4	6,5	4,9		17,5
43	5,1	7,9	22,5		10,3	24,8	3,7	4,0		21,7
44	2,0	2,1	15,1		11,1	35,1	13,0	1,7		19,9
45	3,2	9,8	21,2		8,0	20,5	8,3	2,8	0,3	25,9
46	1,7	3,2	24,3		5,8	24,6	6,2	5,0		29,2
47	4,8	17,7	17,6		7,4	21,4	7,2	5,3		18,6

sprünglich im Pyroxen gebundene CaO bei der Umwandlung freigeworden ist und größtenteils abgeführt wurde. Im Olivinskarn führte die Serpentinisierung nur zu einer unbeträchtlichen relativen Bereicherung des Gesteines mit SiO_2.

Alle analysierten Mg-Skarne zeichnen sich durch verhältnismäßig hohe Kaliumgehalte aus, die sich in Form des Kaliophylitmoleküls (siehe die Berechnung) an der normativen Zusammensetzung des Phlogopites beteiligen. Die hohen Kaliumgehalte kontrastieren mit den allgemein niedrigen Na_2O-Gehalten unserer Gesteine.

Die analysierten Ca-Skarne sind von einheitlichem Charakter. Nur die Stufe aus dem Budečer Skarnkörper ist abweichend. Es ist granatführender Pyroxen-Amphibol-Skarn, dessen Gehalt an Amphibol und anderen Nebenbestandteilen größere Ti- und Alkaliengehalte in der Analyse bedingt. Reine Ca-Pyroxenskarne weisen hohes und zugleich gleichbleibendes CaO auf; das Verhältnis zwischen MgO und FeO (zwischen Fo und Fa in der Basis) ist aber veränderlich, wobei aber die Summe von Fa und Fo beständig bleibt. All das braucht keine nähere Erklärung, wenn man bedenkt, daß diese Gesteine fast ausschließlich aus Pyroxen bestehen. Die Mn-Gehalte sind verhältnismäßig hoch und ungefähr den FeO-Gehalten der Gesteine proportional.

Der Vergleich der Ca- und Mg-Skarne zeigt, daß beide arm an SiO_2- und Alkalien, dagegen reich an basischen Bestandteilen sind. CaO und FeO sind höher in den Ca-Skarnen[8], dagegen zeichen sich die Mg-Skarne durch höhere MgO-Gehalte aus, was gerade die Anwendung der bereits benützten Skarnterminologie rechtfertigt. Die Na_2O-Gehalte sind allgemein niedrig, die K_2O-Gehalte der Mg-Skarne sind aber hoch. Ti und P sind variabel.

Die westmährischen Ca-Skarne gehören zu der Amphibolfelsfazies (D. NĚMEC, im Druck a, b). Dasselbe gilt auch für die Mg-Skarne. Die Abwesenheit rhombischer Pyroxene zeigt, daß es sich nicht um die Pyroxenfelsfazies handeln kann. In Abb. 4 sind die Projektionspunkte analysierter Skarne in das für das CaO—MgO—SiO_2-System in der Amphibolfelsfazies gültige Diagramm eingetragen (vgl. W. S. FYFE, F. J. TURNER, J. VERHOOGEN 1959). Das Verhältnis der Oxyde wurde für Phlogopit (nach den K_2O-Gehalten) und für Calcit korrigiert. Die Analyse der Probe Nr. 5 wurde noch in Übereinstimmung mit den Ergebnissen der geometrischen Dünnschliffanalyse für Magnetit korrigiert. Da nach der

---

[8] Größerer FeO-Gehalt des Mg-Skarnes Nr. 5 hängt mit seinem Magnetitgehalt zusammen.

Zu: D. NĚMEC, Mg-Skarne des westmährischen Kristallins Tafel 1

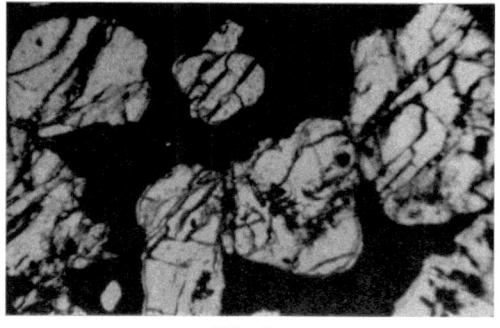

Abb. 1

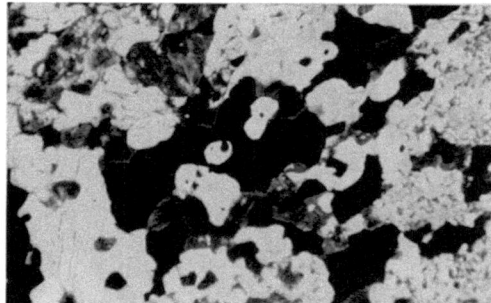

Abb. 2

Abb. 3

Abb. 1. Olivinskarn, Višňové. Olivinkörper mit Magnetit verkittet. Vergrößerung 45×.

Abb. 2. Pyroxen-Spinellskarn, Kordula. Schwarz = Magnetit, sattgrau = Spinell, lichtgrau = Chloritpseudomorphosen, weiß = Diopsid. Vergrößerung 25×.

Abb. 3. Bruchstücke eines Mg-Pyroxen-Skarns in Meroxenfüllmasse, Županovice. $^{1}/_{4}$ nat. Größe.

Abb. 4. Olivinführender Ca-Pyroxen-Skarn, Županovice. Sattgrau = Olivin, lichtgrau = Pyroxen der Diopsid-Hedenbergit-Reihe. Vergrößerung 12×.

Abb. 5. Amphibol-Olivin-Skarn, Budeč. Hellgrau mit positivem Relief = Olivin, mattgrau = Amphibol, schwarz = Magnetit. Vergrößerung 30×.

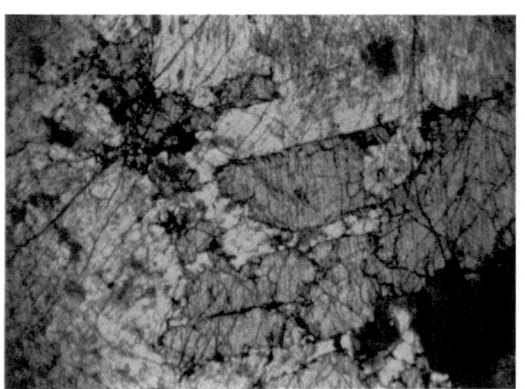

Abb. 4

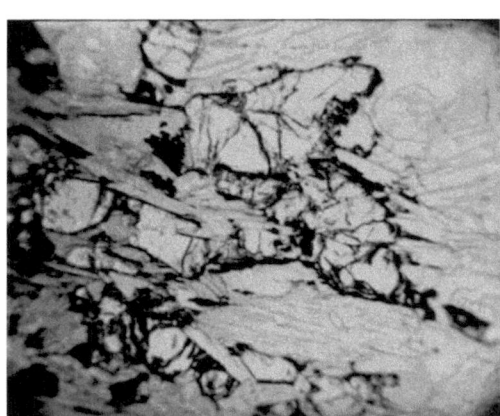

Abb. 5

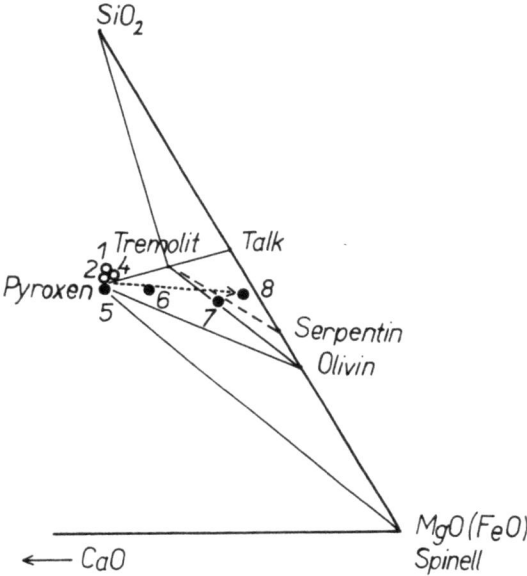

Abb. 4. Phasendiagramm der Magnesiumassoziation in der Amphibolhornfelsfazies (nach FYFE, TURNER, VERHOOGEN, etwas abgeändert).

Korrektur für Phlogopit in einigen Proben noch Al_2O_3 übrig blieb, muß man mit der Anwesenheit der gemeinen Hornblende statt des Amphibols der Tremolit-Aktinolith-Reihe rechnen.

Die Projektionspunkte der Ca-Skarne fallen in die Nähe der Pyroxenecke. Die Assoziation monokliner Pyroxen—(untergeordnet) Amphibole entspricht der Wirklichkeit. In der Stufe Nr. 5 würde man die Assoziation Pyroxen—Phlogopit erwarten, dank dem großen Al_2O_3-Gehalt ist hier aber in der Tat noch Amphibol zugegen. Die Anwesenheit von Spinell läßt sich aber nicht gut erklären, da sich bei der Basisberechnung alles Ca in Form des Calciumaluminatmolekels binden läßt (vgl. Tabelle 5). Dasselbe gilt auch für die Probe 6. Die modale Zusammensetzung der Stufe Nr. 7 stimmt mit der erwarteten Assoziation Olivin (Serpentin)—Tremolit—Phlogopit überein. Der Projektionspunkt der Stufe Nr. 8 weist auf typische Serpentinitassoziation hin, die durch die CaO-Wegfuhr bei der Pyroxenumwandlung bedingt ist.

Zum Vergleich der Ca- und Mg-Skarne mit anderen in Westmähren vorkommenden ultrabasischen Gesteinen wurden die zum Teil noch nicht veröffentlichten Analysen der Mitglieder der montanistischen Hochschule in Ostrava benützt. Diese Analysen wurden für die NIGGLI-Basis berechnet (Tabelle 5) und die Ergebnisse graphisch im QLM- und γmg-Dreieck veranschaulicht (Abb. 5, 6)[9]. Der basische Charakter aller untersuchten Proben kommt gut im QLM-Dreieck zum Vorschein. Alle Projektionspunkte liegen hier unter der Linie PF (Sättigungslinie für SiO_2). Die Projektionspunkte der fast reinen Ca-Pyroxen-Skarne häufen sich um P (P gehört zu den normativen pyroxenbildenden Bestandteilen Wo, En, Hy). Die Mg-Skarne unterscheiden sich von ihnen durch niedrigeres Q. Alle Skarngesteine unterscheiden sich aber von Serpentiniten, da deren Projektionspunkte infolge großer Gehalte des Forsteritmole-

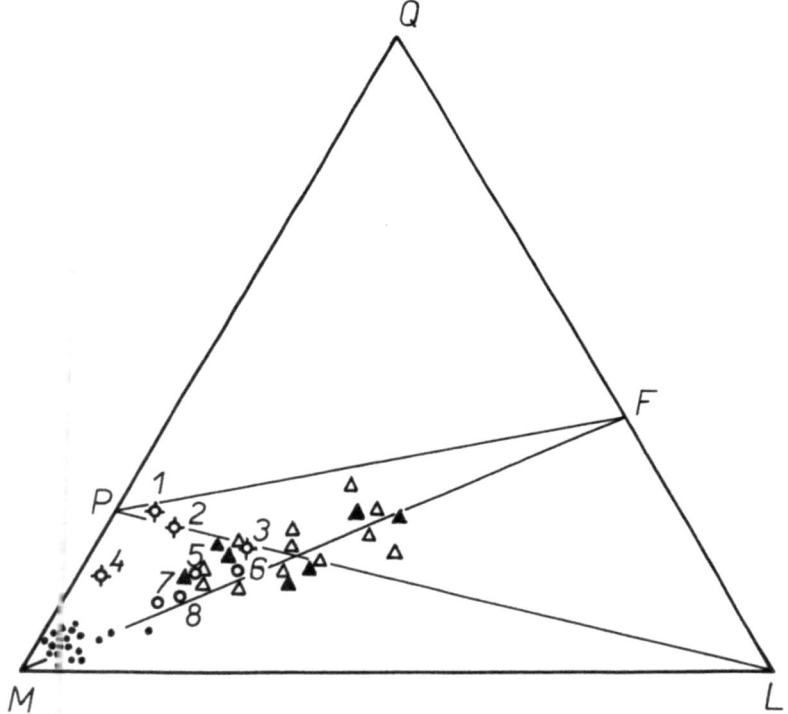

Abb. 5. QLM-Diagramm basischer und ultrabasischer Gesteine Westmährens. ● = Serpentinite, ▲ = Pyroxenite und Eklogite, △ = Amphibolite, ◇ = Ca-Pyroxen-Skarne, ○ = Mg-Skarne (die Numerierung der Proben entspricht derjenigen der Tabelle 4).

[9] Zu M wurden noch Ns, Ks, Sp und Tf gerechnet.

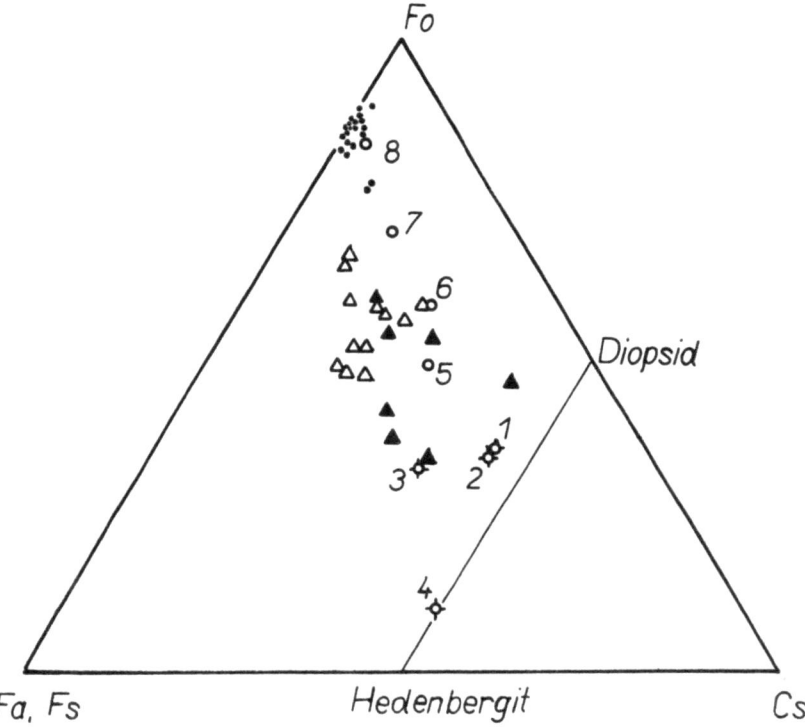

Abb. 6. γmg-Diagramm basischer und ultrabasischer Gesteine Westmährens. Zeichenerklärung wie in Abb. 5.

küls bei niedrigem Q in die Nähe der M-Ecke (er gehört Olivin an) fallen. Das gemeinsame Merkmal sowohl der Ca-Skarne als auch der Serpentinite ist niedriges L (niedrige Gehalte an normativen feldspatbildenden Bestandteilen), so daß es nötig ist, die Alkalien der Serpentinite, z. T. in Ns bzw. Ks der Basis zu binden. Bei den Amphiboliten, gerade der Anwesenheit des Amphibols halber, sind die Al_2O_3-Gehalte höher. Daher rücken ihre Projektionspunkte in der Richtung der L-Ecke des Diagramms.

Im γmg-Dreieck (Abb. 6), das die Verhältnisse der mafischen Basisbestandteile wiederspiegelt, bleibt die Cs- und Fa-(Fs-Ecke) ganz unbesetzt. Auf den ersten Blick ist ersichtlich, daß die Ca-Pyroxen-Skarne von allen untersuchten Gesteinsarten verhältnismäßig am ärmsten an Fo sind. Dies ist hauptsächlich die Folge des großen Calciumsilikatanteils (50%) der monoklinen Pyroxene. Bei allen untersuchten Gesteinen (die Serpentinite ausgenommen) ist das Verhältnis des Fa- und Fs-Moleküls zu Fo + Cs fast gleich und bildet etwa 25% des Gesamtgehaltes der mafischen Bestandteile. Für die Serpentinite ist das sehr niedrige Cs kennzeichnend. Deswegen liegen ihre Projektionspunkte an der Fo-Fa-Verbindungslinie. Der Anteil des Fayalitmoleküls ist darin niedrig. Sowohl das QLM-Dreieck als auch das γmg-Dreieck weisen auf ihre einheitliche chemische Zusammensetzung hin, die aus dem Vergleich mit den Projektionspunkten der Pyroxenite und Amphibolite klar hervorgeht. Amphibolite nehmen im γmg-Dreieck eine Mittelstellung zwischen Pyroxeniten, Ca-Pyroxen-Skarnen und Serpentiniten ein. Die Projektionspunkte der Mg-Skarne sind sehr zerstreut. Sie sind also chemisch nicht einheitlich, was mit ihrer schon oben erwähnten, recht verschiedenen petrographischen Beschaffenheit zusammenhängt. Mit fortschreitender Serpentinisierung nähern sich ihre Projektionspunkte denjenigen der Serpentinite.

Von besonderer Wichtigkeit für die Beurteilung der chemischen Zusammensetzung der untersuchten Gesteine ist Abb. 7, die das relative Verhältnis der Atomquotienten der Alkalien (für die Summe aller Atomquotienten gleich 100) wiedergibt. Die Basiswerte eignen sich für unsere Zwecke nicht, da sich die Alkaliengehalte auf verschiedene Basisbestandteile verteilen. Aus unserem Diagramm ist

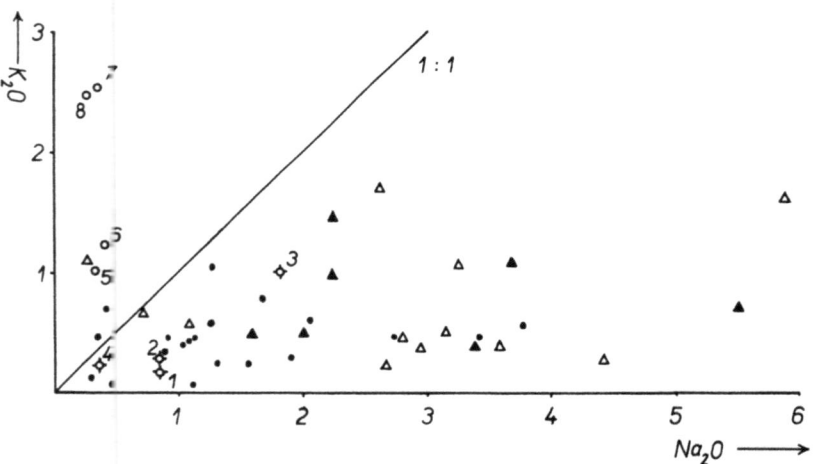

Abb. 7. Atomzahlen der Alkalien in basischen und ultrabasischen Gesteinen Westmährens. Zeichenerklärung wie in Abb. 5.

ersichtlich, daß die Serpentinite und die Ca-Pyroxen-Skarne allgemein alkalienarm sind. Amphibolite und Pyroxenite zeigen schon größere Alkaliengehalte, vor allem höhere Na_2O-Gehalte. Die Mg-Skarne unterscheiden sich aber von ihnen augenfällig durch ihre umgekehrten Alkalienverhältnisse: K_2O-Quotienten sind beträchtlich höher als die Na_2O-Quotienten. Dies ist das petrochemische Hauptmerkmal der Mg-Skarne. Von allen anderen untersuchten Proben weist nur eine einzige (die eines Amphibolits von Utín) dasselbe Alkalienverhältnis wie die Mg-Skarne auf.

c) Die Stellung westmährischer Mg-Skarne in Körpern der Ca-Skarne

Typische Mg-Skarne wurden in Westmähren nur in Lokalitäten der Ca-Skarne angetroffen, wo sie aber bloß ganz untergeordnet erscheinen. Sie kommen in der Randhornfelszone vor und nur selten werden sie auch als Streifen inmitten der Skarnkörper beobachtet. Dadurch zeigt sich also auch ihre chemische Beziehung zu den Randhornfelsen, die im Vergleich zu den Gesteinen der Skarnkerne verhältnismäßig magnesiumreicher und eisenärmer sind. Genetische Beziehungen der Mg-Skarne zu anderen mit Skarnkörpern vergesellschafteten Gesteinen (z. B. zu den Orthoklasfelsen, die als Einlagerungen im Županovicer Skarn, besonders am Kontakte der Kalksteinschollen erscheinen und ähnlich wie die Mg-Skarne kaliumreich sind) lassen sich schwer beurteilen. Die westmährischen Mg-Skarne können aber für keine selbständige genetische Einheit gehalten werden, da sie durch Übergänge mit den Ca-Skarnen verbunden sind. In einigen Lokalitäten (Budeč, Slatina) gehen die Mg-Skarne in Gesteine der Skarnhülle über. Die olivinhaltigen Ca-Pyroxen-Skarne vermitteln wieder den Übergang zu den eigentlichen Ca-Skarnen. Die Stellung des Olivins bedarf zugleich einer Bemerkung. Im Gegensatz zu anderen Gebieten (z. B. Kaveltorp in Mittelschweden, vgl. H. N. MAGNUSSON 1930), wo die Skarnisierungsvorgänge mit der Olivinkristallisation begannen, scheint Olivin in Westmähren zu den am spätesten ausgeschiedenen Mineralien zu gehören. In der beschriebenen Probe aus dem Budečer Skarn bildet er verzweigte Kristalle, die an Amphibolintergranulare gebunden sind. In ähnlicher Ausbildung kommt er auch im Županovicer Skarn vor, wo er daneben hie und da Äderchen bildet. Manchmal ist Olivin offensichtlich nicht im chemischen Gleichgewicht mit einigen anderen Skarnbestandteilen. Im Županovicer und Křižanover Skarn wurden nämlich seine Körner in unmittelbarer Berührung mit Quarz festgestellt (dieser Quarz gehört aber vielleicht einer jüngeren Zufuhr an).

In einigen westmährischen Skarnlokalitäten sind die Mg-Skarne reichlich mit Magnetit vererzt, wobei diese Vererzung manchmal sogar einen selektiven Charakter trägt (so weist z. B. die in Abb. 2 veranschaulichte Einlagerung einen hohen Magnetitgehalt auf, die angrenzenden Ca-Skarne sind dagegen ganz taub). Daneben kommt hier Magnetit größtenteils auch in den Ca-Skarnen vor, seine Verteilung an diese beiden Skarntypen läßt sich leider nicht beurteilen. Im Budečer Skarn sind die Verhältnisse ganz umgekehrt: Die Ca-Pyroxen-Skarne sind magnetithaltig, die Mg-Skarne sind ganz taub. Die Magnetitgehalte stehen in keinem Zusammenhang mit der eventuell vorhandenen Gesteinsumwandlung. Die Menge des bei der Serpentinisierung freigewordenen Magnetits ist ganz unbeträchtlich. Fast ausschließlich ist in den Skarnen nur primärer Magnetit zugegen, der für eine selbständige Zufuhr gehalten werden kann. In bezug auf die primären Silikate ist er jünger: Sowohl in den Ca- als auch in den Mg-Skarnen dringt er längs der Intergranulare und Spaltrisse der Silikate ein. Makroskopisch und mikroskopisch bestehen keine Unterschiede zwischen den in Ca- und Mg-Skarnen vorkommenden Magnetiten.

Die Beziehung der Magnetitvererzung zu den Mg-Skarnen, deren Silikate eisenarm sind, ist auch aus den Skarnen anderer Gebiete (z. B. Mittelschweden, Mittelasien usw.) bekannt. In Westmähren läßt sich dies schwer erklären. Vielleicht konnten hier auch tektonische Faktoren mitwirken, da die Mg-Skarne plastischer, leichter deformierbar und daher für erzbringende Lösungen durchlässiger als die Ca-Skarne sind. Die bloße Tektonik genügt aber nicht zur Erklärung.

Im Vergleich zu den Ca-Skarnen verfallen die Mg-Skarne leichter einer Umwandlung. Während die Ca-Skarne nur selten (durch Uralitisierung) umgewandelt werden, ist die Serpentinisierung pyroxen- und olivinhaltiger Mg-Skarne recht verbreitet. Manchmal ist diese Umwandlung offensichtlich eine oberflächliche Erscheinung. Dies bezeugt auch die Tatsache, daß die Umwandlung manchmal weiter bis zur vollständigen Calcifizierung des Gesteins fortschreitet. Es ist aber nicht ausgeschlossen, daß diese Serpentinisierung mindestens zum Teil auch älteren Phasen der Skarnevolution angehört.

In einigen Mg-Skarnen anderer Gebiete (z. B. Chakassie, vgl. P. V. Komarov 1961) entstand gleichzeitig Phlogopit bei den Serpentinisierungs- und Chloritisierungsvorgängen, und zwar durch Umwandlung anderer Silikate. Dagegen scheint Phlogopit in Westmähren ein primäres Mineral zu sein, da er älter als Magnetit ist, der schon längs der Phlogopitspaltrisse eindringt.

d) Verschiedene magnesiumskarnähnliche Gesteine des westmährischen Kristallins

In mancher Hinsicht ähneln den Mg-Skarnen verschiedene Pyroxen-Amphibol-Gesteine, die die Serpentinitstöcke oft umsäumen. Aus dem Moldanubikum der böhmisch-mährischen Anhöhe erwähnt sie F. KRATOCHVÍL (1947). Gründlich wurden sie vor kurzem aus dem Utíner ultrabasischen Körper beschrieben (M. KUDĚLÁSKOVA, V. KUDĚLÁSEK, J. POLICKY 1961). Sein Kern, der aus Serpentiniten besteht, ist von einer fast zusammenhängenden, aus amphibolitischen, pyroxenitischen und eklogitischen Gesteinen gebildeten Zone umsäumt. Im äußeren Teil dieser Zone überwiegen Amphibolite, am Kontakt mit Serpentiniten sind viel mehr pyroxenische Gesteinstypen vertreten. Letztere bestehen vorwiegend aus diopsidischem Pyroxen und Amphibol, stellenweise führen sie auch Phlogopit. Auch chemisch stehen sie den Mg-Skarnen recht nahe (vgl. Tabelle 4 und Abb. 5, 6).

Den Olivinskarnen ähneln natürlich die westmährischen Peridotite, aus denen Serpentinite entstanden sind. Olivin bleibt in ihnen aber nur selten erhalten (z. B. in den in die Granulite bei Horní Bory eingefalteten Boudins — persönliche Mitteilung des Herrn Dr. J. STANĚK).

Die Assoziation Olivin-Phlogopit-Spinell ist in dolomitischen Kalken gemein. Dieses Gestein erscheint stellenweise in bunten moldanubischen Serien. Ihre Schollen wurden auch unmittelbar in einigen Skarnkörpern, die Mg-Skarne führen (Kordula), angetroffen. Die in dolomitischen Kalksteinen erscheinenden Anhäufungen von Diopsid, Forsterit usw. wurden in der jüngsten Zeit auch als Mg-Skarne bezeichnet und als metasomatische Gebilde gedeutet (J. SEKANINA 1963). Ob auch ihre Entstehung mit jener der Mg-Skarne, die mit den Ca-Skarnen vergesellschaftet sind, zeitlich zusammenfällt, ist noch nicht geklärt.

Sattgrüner Spinell, der für manche Mg-Skarne sehr typisch ist, kommt in Westmähren noch in dolomitischen Kalken und selten auch in basischen Gesteinen (z. B. in den Gabbroamphiboliten bei Pikárec) vor. Er wurde aber auch in einigen salischen Gesteinen angetroffen, wo er entweder Disthen (z. B. in Granuliten bei Dolní Bory — vgl. F. E. SUESS 1901 — und Drahonín, in Biotitgneisen bei Kamenice bei Jihlava und anderswo) oder Granat (in Gneisen nördlich der Bítešer Störung, vgl. auch Abb. 8) ersetzt.

Gesteine mit Assoziation der Mg-Skarne können also genetisch von recht verschiedenem Ursprung sein. Am meisten ähneln den Mg-Skarnen einige mit Serpentiniten vergesellschaftete Gesteine.

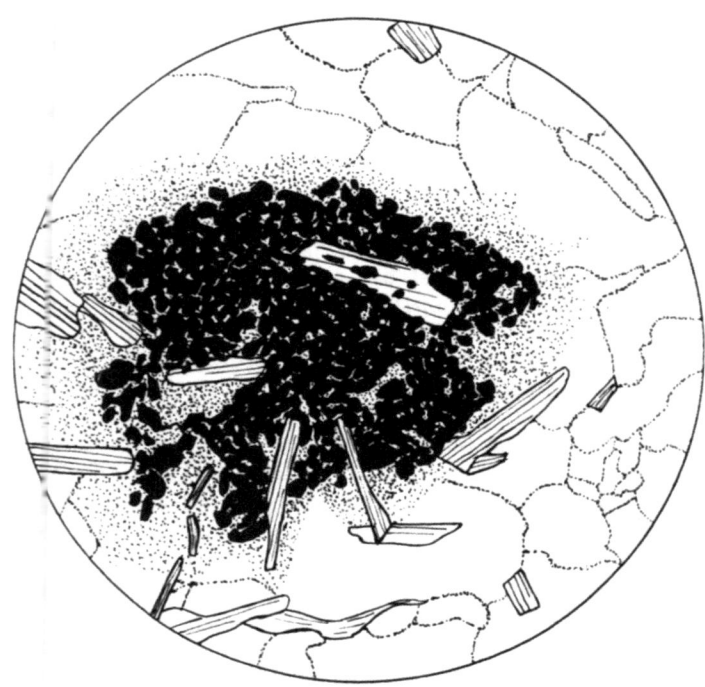

Abb. 8. Eine Spinellpseudomorphose nach Granat. Biotitgneis, Vlkov. Schwarz = Spinell, punktiert = Serizit, Leistchen mit sichtbaren Spaltrissen = Biotit, weiß = Feldspate und Quarz. Dünnschliff, stark vergrößert.

Dies ist wahrscheinlich durch primäre mit ähnlicher chemischer Zusammensetzung und mit ähnlichen physikalisch-chemischen Entstehungsbedingungen zusammenhängende Analogien gegeben. Auch die gleiche Entwicklungsgeschichte dieser Gesteine könnte die Konvergenzerscheinungen bedingen, denn sowohl die Skarne als auch die ultrabasischen Gesteine sind geologisch sehr alt und erlitten schon die regionale Metamorphose (beide erscheinen als Boudins in Gneisen und Granuliten, vgl. M. NOVOTNÝ 1958, D. NĚMEC 1960).

e) Regional bedingte Merkmale westmährischer Mg-Skarne

Die Mg-Skarne oder ihre Übergangstypen (olivinführende Pyroxenskarne) wurden in allen näher untersuchten westmährischen Skarnvorkommen des Moldanubikums festgestellt. In der Antikline von Swratka sind sie nicht verbreitet, einige seltene spinell- oder

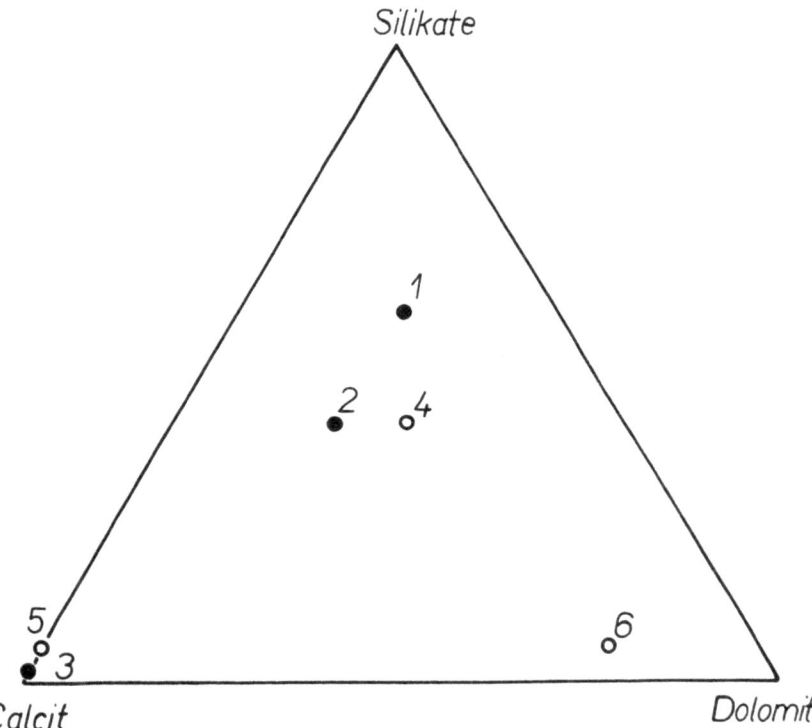

Abb. 9. Modalzusammensetzung der mit westmährischen Skarnen vergesellschafteten Carbonatgesteine (nach ihren chemischen Analysen berechnet). ○ = Vorkommen im Moldanubikum, ● = Vorkommen in der Antikline von Swratka. Lokalitäten: 1 = Budeč bei Žďár, 2 = Kordula, 3 = Županovice, 4 = Věchnov, 5 = Býšovec, 6 = Kuklík. Nach D. Němec 1963 a.

anthofyllithaltige Skarnvarietäten ausgenommen. Im Moldanubikum sind die Mg-Skarne im Gebiete zwischen der Thaya- und Schwarzawakuppel besonders typisch entwickelt. Für Skarne dieses Gebietes ist zugleich eine Armut an Sulfiden recht kennzeichnend. (D. Němec, im Druck c). Dies kann vielleicht durch den regionalen Charakter der erzbringenden Skarnlösungen bedingt sein. Kaum handelt es sich um einen unmittelbaren (antagonistischen) Zusammenhang zwischen den Mg-Skarnen und der Sulfidvererzung, da in einigen anderen westmährischen Lokalitäten, wo auch die Mg-Skarne vorkommen, die Sulfide häufig sind.

Der Vergleich der westmährischen Mg-Skarne mit jenen anderer Gebiete zeigt, daß für unsere Skarne hauptsächlich die Abwesenheit der Mineralien aus der Humitgruppe und der Bormineralien kennzeichnend ist. Zwar wurden in westmährischen Skarnen auch Turmalin und Axinit festgestellt, genetisch gehören sie aber nicht der Skarnisierungsetappe an, sondern sie entstanden erst später, im Zusammenhang mit Intrusionen variszischer Erstarrungsgesteine (D. NĚMEC 1963b), zu deren Ganggefolge auch einige in westmährischen Skarnen vorkommende Eruptivgesteine gehören.

f) Die Entstehung westmährischer Mg-Skarne

Die Entstehung der Ca-Skarne, an die die westmährischen Mg-Skarne gebunden sind, ist unklar. Wahrscheinlich entstanden sie metasomatisch auf Kosten ursprünglicher Carbonat- und teilweise auch Silikatgesteine, und zwar durch Wirkung der Erzlösungen juveniler Herkunft (Näheres vgl. auf der Seite 267). Noch verwickelter muß die Frage nach der Entstehung der Mg-Skarne sein, deren Beziehung zu den Ca-Skarnen nicht einmal geklärt ist. Insgesamt kommen folgende Möglichkeiten in Frage:

1. Die Mg-Skarne sind eine schon primär abweichende reliktische petrographische Einheit, die mit den Skarnen genetisch nichts zu tun haben (es sind also keine eigentlichen Skarne). Vielleicht könnte es sich um verschiedene ultrabasische Gesteine, wie Serpentinite (die z. B. in der unmittelbaren Nähe der Kordulaer Skarnkörper erscheinen) oder Amphibolite (ein Amphibolitstreifen läuft dicht an dem Křižanover Skarn vorbei), handeln. Oder diese Gesteine stellen die nach der Carbonatverdrängung zurückgebliebenen reliktischen Gesteine dar, die ursprünglich mit den Carbonatgesteinen assoziiert wurden. Diese Auffassungen könnten z. B. die petrographischen Ähnlichkeiten der Mg-Skarne mit den ultrabasischen Gesteinen bekräftigen. Aber gerade einige petrographische und chemische Differenzen (z. B. die Kaliumgehalte) sprechen gegen diese Auffassung.

2. Die Mg-Skarne entstanden zwar durch die Skarnisierungsprozesse, sie stellen aber einen selbständigen Typus dar, der älter als die Skarne ist. Diese Stellung nehmen z. B. manche Mg-Skarne Aldans und Transbaikaliens ein, wo sie schon während des magmatischen Stadiums entstanden sind (vgl. D. S. KORŽINSKIJ 1955, L. I. ŠABYNIN 1961 u. a.). In Westmähren sind die Mg-Skarne zwar öfters von den aus Ca-Skarnen bestehenden Kernen räumlich getrennt oder sie grenzen an sie verhältnismäßig scharf, man findet aber auch Übergänge. Dies bezieht sich besonders auf den olivinführenden Pyroxenskarn, wo Olivin kein Relikt ist, sondern sogar

jünger als Pyroxen und Amphibol zu sein scheint (vgl. S. 297). Man hat aber auch damit zu rechnen, daß die Regionalmetamorphose westmährischer Skarne zu einigen stofflichen Umlagerungen in den Skarnen führen konnte.

3. Die Mg-Skarne entstanden gleichzeitig mit den Ca-Skarnen, und zwar durch die Skarnisierungsprozesse. Unterschiedliche Entwicklung der Mg-Skarne hängt entweder (a) mit den Unterschieden im skarnisierten Substrat zusammen (Einlagerungen eines primär abweichenden Gesteins, dessen Skarnisierung zu einem abweichenden Endprodukt führte) oder (b) sie wurde durch verschiedentliche lokale Zufuhr der skarnisierenden Erzlösungen bedingt.

a) Die an westmährischen Skarnen durchgeführten Untersuchungen lassen vermuten, daß einige Skarntypen durch Skarnisierung besonderer Gesteine entstanden. So die Almandin-Biotit-Skarne[10], die zu den Randskarngesteinen gehören; sie erscheinen nur in solchen Skarnlokalitäten, wo die Skarnkörper in Glimmerschiefern oder in den ihnen naheliegenden Gesteinstypen eingelagert sind (die Skarne des Südabschnittes der Antikline von Swratka, Županovice usw). Bei den Mg-Skarnen könnte diese Auffassung die Tatsache fördern, daß sie oft im Skarnmantel verhältnismäßig schmale Lagen bilden oder als schmale plattenförmige Schichten den Ca-Skarnen, parallel zu ihrem Verlaufe, eingelagert sind (vgl. Abb. 2). Schon die Erfahrung selbst, daß die Mg-Skarne in den in Glimmerschiefern eingelagerten Skarnkörpern (Lokalitäten der Antikline von Swratka) in typischer Ausbildung fehlen, könnte vielleicht auf Beziehungen zu einem besonderen Substrat hindeuten.

Andererseits zeigten chemische Analysen der reliktischen Carbonatgesteine westmährischer Skarnkörper beträchtliche Veränderlichkeit (D. NĚMEC 1963a), wobei aber die daraus entstandenen Ca-Skarne grundsätzlich von demselben Charakter sind. Daraus folgt, daß für die Entwicklung der Skarngesteine vor allem die Beschaffenheit der zugeführten Erzlösungen maßgebend war, was sonst allgemein bekannt ist.

b) Die Detailuntersuchungen westmährischer Ca-Skarne zeigten (M. NOVOTNÝ 1955, 1960, D. NĚMEC, im Druck a, b), daß die Fe-Gehalte sowohl der Skarnassoziationen als auch ihrer Mineralien in einzelnen Skarnlokalitäten veränderlich sind und auch innerhalb desselben Skarnkörpers sehr wechseln. So sind z. B. die Županovicer

---

[10] Mit ihrem petrographischen Charakter und ihrer geologischen Lage entsprechen sie den in skandinavischen Lokalitäten als „Sköl" bezeichneten Typen.

[11] Bei allen diesen Betrachtungen sieht man von dem Magnetitgehalte ab, der in bezug auf die primären Skarnsilikate eine etwas jüngere Zufuhr vorstellt.

Pyroxenskarne beträchtlich eisenreicher als die Budečer[11]. Es muß also verschiedene lokale Zufuhr vorausgesetzt werden, sei es schon die primäre oder nur sekundäre, durch Mobilisierung bedingte Zufuhr (z. B. infolge verschiedener Ionenbeweglichkeit oder Vertreiben der Mg-Ionen aus den skarnisierten Dolomitkalksteinen in die Skarnhüllgesteine usw.)[12]. Auf diese Weise, noch bei Zusammenwirken mit dem Substrat, könnte das Vorkommen von Mg-Skarnen in den Hüllgesteinen erklärt werden, denen sie sich auch durch das Verhältnis von Fe zu Mg nähern. Schwieriger läßt sich aber die Entstehung der unmittelbar in Skarnkernen eingelagerten Mg-Skarnstreifen durch verschiedene Zufuhr erklären[13].

4. Die Mg-Skarne sind zwar auch vormetamorphe Gebilde, sie sind aber jünger als die Ca-Skarne. Sie entstanden durch jüngere Umlagerungsprozesse (es sind z. B. rekristallisierte Mylonitzonen, Auslaugungszonen usw.). Man trifft stellenweise in westmährischen Skarnen Merkmale jüngerer Prozesse, die z. B. zur Entstehung der Epidotfelsen (in der Antikline von Swratka) oder zur Aktinolithisierung der Pyroxenskarne führten. Derartige, natürlich einer anderen Fazies entsprechende Vorgänge könnten sicher auch in vorangehenden Etappen der Skarnentwicklung vorausgesetzt werden. Diese Hypothese würde aber schwer haltbar sein, da die westmährischen Mg-Skarne offensichtlich schon sehr alt sind (sie sind älter als die Kristallisation bzw. Umlagerung des Magnetites). Würde es sich um alte kristalloblastisch ausgeheilte Deformationszonen handeln, könnte darin Olivin kaum erscheinen. Von besonderem Gewicht ist auch die regionale Art des Vorkommens der Mg-Skarne, nämlich das Fehlen von typischen Mg-Skarnen in der Antikline von Swratka, obwohl die hier vorkommenden Ca-Skarne nicht nur petrographisch, sondern auch durch ihre Entwicklungsgeschichte denjenigen des Moldanubikums grundsätzlich entsprechen.

Die Diskussion betreffend die Entstehung der westmährischen Skarne kann folgendermaßen zusammengefaßt werden: Der Zusammenhang der Mg- und Ca-Skarne (gemeinsames lokales Vorkommen und ihre Übergangstypen) deutet auf ihre gleichartige und

---

[12] Pyroxen- und Granatskarne der Skarnkerne könnte man wahrscheinlich für Exoskarne, die Randhornfelsen für Endoskarne (im Sinn z. B. von A. BATALOV, 1952) halten (D. NĚMEC, im Druck a, b).

[13] Von den Unterschieden zwischen den Skarnkernen und ihren Randhornfelsen abgesehen, stellt man in westmährischen Skarnlokalitäten keine gesetzmäßige Zonalität fest. Einzelne Skarntypen folgen hier in den Skarnkörpern in bunter Reihenfolge aufeinander. Die aus anderen Gebieten beschriebenen metasomatischen Kolonnen sind in Westmähren unbekannt.

wahrscheinlich auch gleichzeitige Entstehung, und zwar durch Skarnisierungsprozesse, hin. Wahrscheinlich sind es metasomatische Gebilde, die durch Einwirkung erzbringender Lösungen auf ein anderes Substrat, als das bei den Ca-Skarnen vorauszusetzende, zustandekamen.

Die Frage nach der Beschaffenheit der skarnisierten Gesteine und nach dem Charekter der erzbringenden Lösungen ist aber schwer zu beantworten. Als Substrat kommen die Carbonatgesteine und Paraschiefer in Betracht. Letztere wurden aber manchmal stark durch Migmatisierung beeinflußt, so daß sie nicht die ursprünglichen Gesteine darstellen; die Carbonatgesteine sind sehr

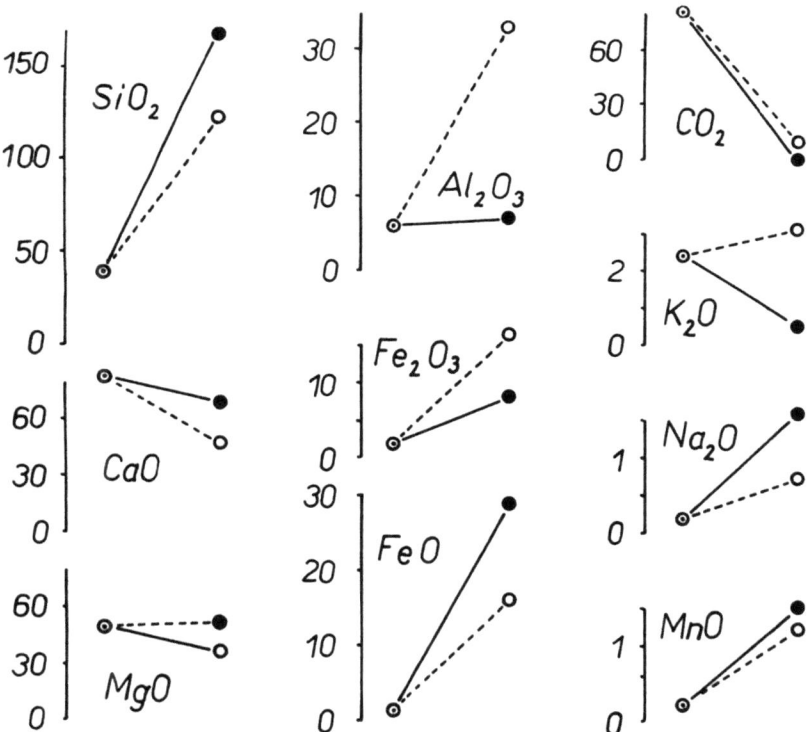

Abb. 10. Schematische Veranschaulichung der chemischen Veränderungen (g pro 100 cm³) unter der Voraussetzung, daß die Mg- und Ca-Skarne metasomatisch aus Carbonatgesteinen entstanden sind. Kordula. Zeichenerklärung: ⊙ Dolomitkalkstein, ● Pyroxenskarn (Analyse Nr. 1, Tabelle 4), ○ Mg-Skarn (Analyse Nr. 6, Tabelle 4).

veränderlich, und zwar auch in derselben Lokalität, so daß sie sich wieder nicht durch unsere wenigen Analysen charakterisieren lassen. Unmigmatisierte Paragneise trifft man in der Budečer Lokalität. Vergleicht man allgemein ihre chemische Analyse (D. NĚMEC 1963a) mit der der westmährischen Mg-Skarne, müßten zur Entstehung der Mg-Skarne Fe, Mn und Mg zugeführt und SiO_2 und Alkalien weggeführt werden. Bei einem ähnlichen Vergleich betreffend die Zusammensetzung der Županovicer Kalksteine müßte man die Zufuhr aller Komponenten, mit Ausnahme von Ca, voraussetzen. Der Vergleich dolomitischer Kalksteine aus der Lokalität Kordula mit typischen Ca- und Mg-Skarnen ist an Hand von Abb. 10 möglich. Die darin eingetragenen Werte geben das Gewicht (in g) einzelner Oxyde in 100 cm^3 des Gesteins[14]. Wie ersichtlich, würde die Entstehung eines Mg-Skarns die Zufuhr von Si, Al, Fe, Mn und die Wegfuhr von Ca und CO_2 benötigen. (Gerade die Voraussetzung einer Al_2O_3-Zufuhr macht es unwahrscheinlich, daß die spinellhaltigen Mg-Skarne aus Dolomitkalksteinen vom Tupus der analysierten Probe entstanden sind; als Substrat könnten aber aluminiumreiche Carbonatgesteine dienen.) Der Mg- und Alkaliengehalt bleibt praktisch gleich. Zur Entstehung der Ca-Pyroxen-Skarne aus Carbonatgesteinen der gegebenen Zusammensetzung müßten Si, Fe, Mn, Na zugeführt und CO_2 und K weggeführt werden. Ca, Mg und Al bleiben unverändert.

Größere Gehalte der Mg-Skarne an Ti und Al, die sich nach den Untersuchungen von D. S. KORŽINSKIJ (1950) bei den Skarnisierungprozessen fast immobil verhalten, lassen vermuten, daß irgend welche Silikatgesteine (die natürlich nicht notwendigerweise die chemische Zusammensetzung der heutigen Paragneise haben müßten) das ursprüngliche Substrat der Mg-Skarne sein könnten. Auch die geologische Lage der Mg-Skarne scheint diese Ansicht zu bekräftigen (ihr Vorkommen in der Randhornfelszone). Nur die Olivinskarne und die olivinhaltigen Pyroxenskarne könnte man vielleicht für Exoskarn (für Skarn, der durch Verdrängung der Carbonatgesteine zustandekam) halten, denn dieselbe Entstehung kann auch bei gewöhnlichen Pyroxenskarnen vorausgesetzt werden (vgl. D. NĚMEC, im Druck a). Der darin erscheinende Olivin ist aber kein reliktisches Mineral (vgl. S. 297).

Falls die Mg-Skarne gleichzeitig mit den westmährischen Ca-Skarnen entstanden, können sie natürlich auch für präkambrisch gehalten werden.

[14] Es wird angenommen, daß sich das Gesteinsvolumen während der Metasomatose nicht ändert.

Literatur

BATALOV, A. B. (1952): O petrogenetičeskich tipach skarnov. Zapiski Uzbekistanskogo otdelenija vses. min. obsčestva Nr. 1, S. 148.
FYFE, W. S., TURNER, F. J., VERHOOGEN, J. (1959): Metamorphic reactions and metamorphic facies. New York.
HRACH, S., JELEN, M., MAŠÍN, J. (1961): Letecké geofyzikální mapování skarnových ložisek u Županovic (Morava). Věstník Ústř. úst. geol., 36, S. 13.
JANEČKA, J., SKÁCEL, J. (1958): Úspěchy vyhledávacího průzkumu na Českomoravské vysočině. Rudy 6, S. 204.
KOMAROV, P. V. (1961): Magnezialnyje skarny tejskogo mestoroždenija. Geologija rudnych mestoroždenij, Nr. 2, S. 119–124.
KOMÍNEK, E., NĚMEC, D. (1960): Ložisko železných rud skarnového typu u Županovic. Vlastivědny sborník vysočiny.
KORŽINSKIJ, D. S. (1950): Phase rule and geochemical mobility of elements. International geol. congress, 18. sess., II (problems of geochemistry), London.
— (1955): Očerk metasomatičeskich processov. Osnovnyje problemy v učenii o magmatogennych rudnych mestoroždenijach. Moskva.
KOUTEK, J. (1945): Genetické typy ložisek železné rudy na Českomoravské vysočině. Sborník klubu přír. v Třebíči, S. 60.
— (1951): Ložisko magnetovce skarnového typu u Vlastějovic v Posázaví. Rozpravy 2. tř. Čes. akad. 60, Nr. 27.
KRATOCHVÍL, F. (1947): Příspěvek k petrografii českého krystalinika. Sborník Stát. geol. úst. ČSR, 14, S. 449–536.
KUDĚLÁSKOVÁ, M., KUDĚLÁSEK, V., POLICKÝ, J. (1961): Geologické mapování utínského ultrabazického tělesa na Havlíčkobrodsku. Sborník Vys. školy báňské v Ostravě, 7 (Nr. 4–5), S. 399–415.
MAGNUSSON, N. H. (1930): Iaktagelser angående mineralens paragenes och succession i Kaveltorp. Geologiska Föreningens, Förhandlingar 52, S. 407.
NĚMEC, D. (1960): Poznámky ke skarnům z okolí Korduly u Rouchovan. Časopis Mor. musea 45, S. 37–44.
— (1962): Das Vorkommen von Wismutglanz im Skarn bei Kottaun (niederösterreichisches Waldviertel). Anzeiger der math.-natw. Kl. der Österr. Akademie der Wissenschaften, Nr. 8, S. 129–134.
— (1963a): Assoziation der Skarne mit Carbonatgesteinen in der Antikline von Swratka (tschechisch mit englischer Zusammenfassung). Sborník geolog. věd, G, 2, S. 101–115.
— (1963b): Axinit in westmährischen Skarngesteinen und seine genetische Stellung. Geologie, 12, S. 568–575.
— (1963c): Eruptivgesteine in westmährischen Skarnen und ihre genetische Stellung. Neues Jahrbuch für Mineralogie, Abh. 100, S. 203–224.
— (im Druck a): Skarne des Županovicer Reviers (tschechisch mit englischer Zusammenfassung).
— (im Druck b): Der Skarn von Budeč bei Žďár.
— (im Druck c): Die sulfidischen Erzminerale in westmährischen Skarngesteinen.

NIGGLI, P. (1936): Über Molekularnormen zur Gesteinsberechnung. Schweiz. Min. u. Petr. Mitt., 16, S. 295—317.

NOVOTNÝ, M. (1955): Skarnová ložiska od Pernštýna a Líšné. Sborník Ústř. úst. geol., 21, I, S. 395—431.

— (1958): Uzavřeniny tmavých hornin ve světlých rulách. Práce Brněnské základny ČSAV, 30, Nr. 7, S. 281—335.

— (1960): Pyroxenicko-granátická hornina (skarn) od Věchnova. Práce Brněnské základny ČSAV, 32, Nr 12, S. 565—615.

POLÁK, A., VODIČKA, J. (1951): Ložisko skarnového typu u Županovic na Moravě. Věstník Ústř. úst. geol., 26, S. 373—379.

PRECLÍK, K. (1930): Skarngesteine aus der moldanubischen Glimmerschieferzone be Pernstein in Mähren. Min. u. Petr. Mitt., N. F., B. 40, S. 437.

— (1931): Die moldanubischen kristallinen Schiefer im Nordteil des Kartenblattes Znaim. Věstník Stát. geol. úst. ČSR, 7, S. 31—52.

SEKANINA J. (1963): Hořečnatý skarn v dolomitu u Číchova na západní Moravě. Časopis pro mineralogii a geologii, 8, S. 178—188.

SUESS, F. E. (1901): Der Granulitzug von Borry in Mähren. Jahrb. der geol. Reichsanstalt, Bd. 50, S. 616—648.

ŠABYNIN, L. I. (1961): O nekotorych osobennostjach obrazovanija rudonosnych skarnov v dolomitovych kontaktach. Geologija rudnych mestoroždenij Nr. 1, S. 3—18.

WALDMANN, L. (1931): Erläuterungen zur Geol. Spezialkarte Blatt Drosendorf. Wien.

ZOUBEK, V. (1946): Poznámky k otázce skarnů, granulitů a jihočeských grafitových ložisek. Sborník St. geol. úst. ČSR, 13, S. 483.

Die in den Sitzungsberichten Abtlg. I und Abtlg. II der math.-nat. Klasse der Österr. Ak. d. Wiss. erscheinenden Abhandlungen werden auch einzeln abgegeben. Sie können durch jede Buchhandlung oder direkt durch die Auslieferungsstelle der Österreichischen Akademie der Wissenschaften (Wien I, Singerstraße 12) bezogen werden.

Nachfolgende Abhandlungen aus dem Fache **Botanik** (Biologie) sind erschienen:

1957 (S I Bd. 166):

Politis J.: Über die „Tanninoplasten" oder Gerbstoffbildner der Crassulaceae (mit 2 Textabbildungen und 1 Tafel). S 6.—
Politis J.: Über einen neuen Pflanzenfarbstoff in den Blüten einiger Verbascum-Arten (mit 2 Tafeln). S 5.20
Übeleis Ilse: Osmotischer Wert, Zucker- und Harnstoffpermeabilität einiger Diatomeen (mit 1 Textabbildung). S 30.40

1958 (S I Bd. 167):

Höfler Karl: Permeabilitätsstudien an Parenchymzellen der Blattrippe von Blechnum spicant (mit 5 Textabbildungen). S 45.—
Rechinger K. H., Dulfer H. und Patzak A.: Širjaevii fragmenta astragalogica IV. S 38.10
Url Walter: Zur Wirkung der Atmungsgifte Natriumazid und Dinitrophenol auf die Permeabilität von Blechnum spicant-Zellen (mit 3 Textabbildungen). S 25.—
Wawrik Friederike: Hochgebirgs-Kleingewässer im Arlberggebiet III (mit 3 Textabbildungen und 1 Tafel). S 18.90

1959 (S I Bd. 168):

Biebl Richard: Röntgenstrahlenwirkungen auf Commelinaceenstecklinge (Total- und Partialbestrahlungen) (mit 9 Tabellen und 5 Textabbildungen). S 31.20
Höfler Karl: Über die Gollinger Kalkmoosvereine (mit 1 Textabbildung und 1 Tafel). S 34.50
Höfler Karl und Fetzmann Elsa Leonore: Algen-Kleingesellschaften des Salzlackengebietes am Neusiedler See I (mit 1 Tafel). S 21.50
Hustedt Friedrich: Die Diatomeenflora des Salzlackengebietes im österreichischen Burgenland (mit 81 Textabbildungen und 1 Tafel). S 53.90
Luhan Maria: Zur Wurzelanatomie unserer Alpenpflanzen. IV. Compositae (mit 9 Textabbildungen und 4 Tafeln). S 36.90
Pfoser Karl: Vergleichende Versuche über Verholzungsreaktionen und Fluoreszenz (mit 2 Textabbildungen und 2 Tafeln). S 18.70
Rechinger K. H., Dulfer H. und Patzak A.: Širjaevii fragmenta astragalogica. S 29.40
Wendelberger Gustav: Die Vegetation des Neusiedler See-Gebietes. S 7.20

1960 (S I Bd. 169):

Bolay Erika: Die Vitalfärbung voller Zellsäfte und ihre cytochemische Interpretation (mit einer Textabbildung und 5 Tafeln). S 49.—
Ehrendorfer F.: Neufassung der Sektion Lepto-Galium Lange und Beschreibung neuer Arten und Kombinationen (zur Phylogenie der Gattung Galium, VII). S 12.—
Franz Gertrude: Die Mikroflora einiger Standorte im Leithagebirge in ihrer Abhängigkeit von Boden und Vegetationsdecke (mit 22 Textabbildungen). S 88.—
Pruzsinszky S.: Über Trocken- und Feuchtluftresistenz des Pollens (mit 12 Abbildungen auf 6 Tafeln). S 63.40

1961 (S I Bd. 170):

Fetzmann Elsalore, Vegetationsstudien im Tanner Moor (Mühlviertel, Oberösterreich) (mit 2 Textabbildungen und 2 Tafeln). S 170—3, S 23.—
Pruzsinszky Siegfried und Url Walter, Ein Beitrag zur Desmidiaceenflora des Lungaues. S 170—1, S 9.—
Rechinger K. H., Dufler H. und Patzak A., Širjaevii fragmenta astragalogica XIII. bis XVII. Teil. S 170—2, S 56.—

1962 (S I Bd. 171):

Niklfeld Harald, Über die Pflanzengesellschaften der Fels- und Mauerspalten Südfrankreichs (mit 1 Textabbildung und 1 Falttabelle) 171—23, S 52.—
Url Walter, Permeabilitätsversuche an Stengelepidermiszellen von Gentiana germanica und Gentiana ciliata (mit 3 Textabbildungen) 171—16, S 40.—

MIX
Papier aus verantwortungsvollen Quellen
Paper from responsible sources
FSC® C105338

If you have any concerns about our products,
you can contact us on
ProductSafety@springernature.com

In case Publisher is established outside the EU,
the EU authorized representative is:
**Springer Nature Customer Service Center GmbH
Europaplatz 3, 69115 Heidelberg, Germany**

Printed by Libri Plureos GmbH
in Hamburg, Germany